© 2023 Friedrich Wilhelm Krücken

Alle Rechte vorbehalten

Satz, Illustrationen: Reinhard Buchholz, Friedrich Wilhelm Krücken

Umschlag: Friedrich Wilhelm Krücken

Herausgeber: Friedrich Wilhelm Krücken

Tischbergerstraße 4

76887 Bad Bergzabern

Printed in Germany

Ad maiorem Gerardi Mercatoris gloriam

Abhandlungen zu Leben und Werk

Gerhard Mercators

5.3.1512 Rupelmonde

2.12.1594 Duisburg

Band I, 2009
Vortrag auf dem Mercator-Symposion am10.03.1994:
Ist das 'Rätsel der Mercator-Karte 1569' gelöst?
Zur Didaktik der Mercator-Projektion
Gerhard Mercator und die Quadratur des Kreises
Erhard Etzlaub und die Methode der Vergrößerten Breiten
John Dee – Canon Gubernauticus
Das Götzenstandbild Zolotaia idolum
Gerhard Mercator und die Loxodromie
ISBN 978-3-86852-895-8

Band II, 2010
Rumolds Weltkarte von 1587
Stemma atlantis
Vivianus I
Mercator | Melanchthon
?magister artium
ISBN 978-3-86991-014-7

Band III, 2011
Loxodromie – Hatte Gerhard Mercators Methode der Vergrößerten Breiten
Vorläufer im frühen chinesischen Kulturkreis?
Annulus Astronomicus
Die declaratio für Kaiser Karl V.
Astrologie im Umfeld Gerhard Mercators
ISBN 978-3-86991-302-5

Band IV, 2011
Evolution aus dem 'Im Anfang'
Über die Unsterblichkeit der menschlichen Seele
Meditationes Cosmographicae
ISBN 978-3-86991-456-5

Vorwort des Herausgebers

Reinhard Buchholz, einer meiner Abiturienten des Jahrgangs 1970 und späterer Kollege am Mathematisch-Naturwissenschaftlichen Mercator-Gymnasium zu Duisburg, kam nach seinem Lehramtsstudium zurück an seine „alte" Schule als Mathematik-, Physik- und schließlich als Informatik-Lehrer.

Er nahm sehr früh Anteil an meinen Mercator-Forschungen und schuf zum Jubiläumsjahr 1994 für das *Stadt- und Kulturhistorische Museum* zu Duisburg einen Mercator-Film, in dem er – ohne davon zu wissen – die Vorstellungen des Edward Wright aus dem Jahre 1599 zum Entstehen der „uneigentlichen" Zylinderprojektion einer heute so genannten „Mercatorprojektion" realisierte, deren Ausmessungen denen nach der Abbildungsformel der Herren Barrow / Leibniz aus den Jahren um das Jahr 1700 herum:

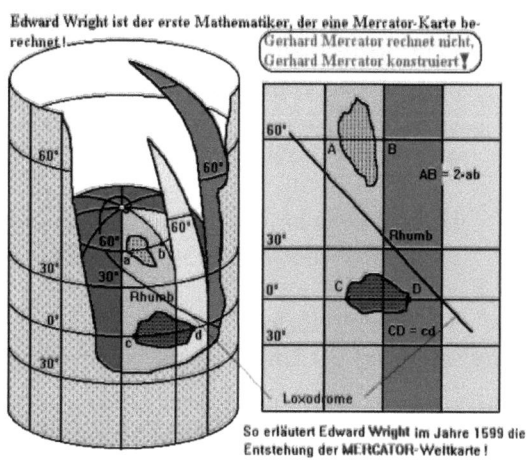

$$\Phi(\varphi) = \ln\{[\sec+\tan](\varphi)\}$$

in ausgezeichneter Weise nahe kommen.

Seine Untersuchungen an dem von mir edierten digitalen *Faksimile* der Karte AUN (*ad usum navigantium*) von 1569 zeigen den überaus großen Unterschied zwischen einer Untersuchung (1992ff.) mit „klassischen" Mitteln der zeichnenden Geometrie: Zirkel, Winkelmesser und Lineal – selbst wenn es ein geeichtes ½-mm Lineal ist –, und einer – heute möglichen – digitalen Behandlung mit allen nur möglichen digitalen Apps.

Seine Untersuchungen stellen mich hinsichtlich meiner Untersuchungen und damaligen Schlussfolgerungen (1992/4) recht zufrieden!

Aber was mich am meisten freut, ist die verdeckte Aussage seiner Untersuchungen, dass sie uns einen Blick auf den Zeichentisch Mercators in den Jahren 1566 bis 1569 werfen lassen.

Ich sehe förmlich, wie Gerhard Mercator hin und wieder beim Besuch seines Freundes und Nachbarn – und späteren Biografen – Walther Ghim aufblickt, den Reißzirkel absetzt und erklärt:

> ,Meine Methode, lieber Walther, ist der Methode ähnlich, die Archimedes praktizierte, als er die *quadratura circuli* versuchte: Er konnte vom kreis - einbeschriebenen Sechseck bis zum 96-Eck fortschreitend (d. h. von einem Zentriwinkel von 60° bis zu einem von 3.75°) – näherungsweise – immer bessere Ergebnisse erzielen; ich konnte von größeren Winkeln $\Delta\varphi$ – z. B. von 10° – fortschreitend zu kleineren bis $\Delta\varphi = 1°$ meine Ergebnisse so gewinnen, dass der Unterschied von der 1°-Sehne zum 1°-Kreisbogen nicht mehr zu erkennen ist; aber, lieber Walther, mir fehlt ganz einfach für den Nachweis der Methoden-Gleichheit ein Beweis: Wie kann ich mit meiner Zeichnung einen Weg zur *quadratura circuli* gewinnen?'

> [Diesen Weg beschritt dann der Herausgeber 1996 (Z. B. *Ad maiorem Gerardi Mercatoris gloriam* Bd. I, 161-175).]

Und wie er den Reißzirkel wieder auf die Kupferplatte aufsetzt, verrutscht ihm die Zirkelspitze auf der Unterlegscheibe um den Bruchteil eines Millimeters – ein paar mal!

> Meine *zweite* (!) Werkstattgeschichte.
> 1992 hatte ich mir für die „Fehler" im *organon* der Karte AUN eine erste Werkstattgeschichte ausgedacht: → *Ad maiorem Gerardi Mercatoris gloriam* Bd. I, 85ff. – zur größeren Ehre unseres Schulpatrons: Gerhard Mercator.

Friedrich Wilhelm Krücken

Für meine Frau

Elke

Vorbemerkungen

Als Schüler und späterer Lehrer des Mercator-Gymnasiums in Duisburg liegt die Beschäftigung mit Gerhard Mercator nahe. Durch den Mathematikunterricht in der Mittelstufe wurde das Wissen über und die Liebe zur Geometrie Euklids durch Herrn Enderling geweckt, durch Herrn Krücken kamen dann in den letzten beiden Jahre vor dem Abitur die fundierten Grundlagen der lineare Algebra und der Analysis hinzu.

Unserem Lehrer Bruno Kyewski und dann vor allem unserem Schulleiter, Herrn Friedrich Wilhelm Krücken, verdanken wir umfangreiche Forschungen zu Mercators Karte *Ad Usum Navigantium*. Aber erst Herrn Krücken entdeckte, dass eine Konstruktion dieser Karte nur mit dem Wissen, welches die Schüler bereits in der Mittelstufe erlernen (und wie es bereits im 6. Band des Euklid zu finden ist) möglich ist.

In einem Brief von Mercator an Herrn Wolfgang Haller stellt Mercator dieses geometrische Wissen als Grundlagen seiner Erkenntnisse heraus.

Mercator konnte natürlich nicht ahnen, dass das geometrische Verfahren, welches Herr Krücken aufzeigen konnte, sich durch die Erkenntnisse von Leibniz und Newton in ein exaktes Ergebnis überführen lässt, indem man die Breite des Intervalls nicht 1° groß wählt, sondern diese gegen Null streben lässt, so dass man ein relativ leicht zu lösendes Integral erhält.

Es wird aber selbst in jüngerer Zeit von einigen Wissenschaftlern angezweifelt, dass Mercator rein geometrisch vorgegangen ist.

Als Herr Krücken mir seine Idee und die lateinische Übersetzung aus einer der Legenden der Karte „Da wir dies bedacht haben, haben wir die Breitengrade [Breitengradabschnitte] zu beiden Polen hin allmählich vergrößert im Verhältnis zum Anwachsen der Breitenparallelen[abschnitte] über das Maß hinaus, welches sie zum Äquator[abschnitt] haben." vorlegte, festigte sich bei mir die Überzeugung, dass Mercator seine Karte rein geometrisch erstellt hat.

Durch die Tatsache, dass Herr Krücken das Baseler Exemplar digitalisieren ließ und die heute zur Verfügung stehenden Programme, insbesondere das für den Schulunterricht entwickelte Programm *EUKLID Dynageo* und die Auswertung der Daten mittels selbst entwickelter Computerprogramme, war es mir möglich, der Frage auf den Grund zu gehen, ob eine Erstellung der Karte durch Verwendung von numerisch ermittelten Werten ausgeschlossen werden kann.

Die Zeichnungen ließen sich im Buch nicht immer in ausreichender Größe darstellen. Mein Sohn Tobias hat mir freundlicherweise die Möglichkeit eröffnet, sie unter *https://mercator.promote-it.de* zugänglich zu machen. Besonderer Dank geht an Herrn Dr. h.c. F.W. Krücken und an meine Tochter Christiane, die den Text Korrektur gelesen haben. Bei Rückfragen zu den verwendeten Programmen bin ich unter *reinhard.buchholz@arcor.de* zu erreichen.

Reinhard Buchholz

Untersuchungen zur Entstehung von Mercators Karte AD USUM NAVIGANTIUM

Reinhard Buchholz

Durch das Engagement von Herrn Dr. h.c. F. W. Krücken wurde das Exemplar der Baseler Welt- und Seekarte digitalisiert, so dass er „zur fünfhundertsten Wiederkehr des Geburtstages Gerhard Mercators ein 1:1-Faksimile der Welt- und Seekarte *Ad usum navigantium* in Zusammenarbeit mit dem Leiter des Stadtarchivs Duisburg, Dr. Hans-Georg Kraume, und der Universität Basel, vertreten durch den gegenwärtigen Leiter der Abteilung Handschriften und Alten Drucke an der Universitätsbibliothek Basel, Dr. Ueli Dill," herausgeben konnte (Faksimile des Baseler Originaldrucks der Karte aus dem Jahre 1569 (ISBN 978-3-00-035705-3).
Herr Dr. h.c. F. W. Krücken stellte mir freundlicherweise die eingescannten Tiff-Dateien zur Verfügung, die die hier vorgestellten Untersuchungen erst möglich machten.

Eine der entscheidenden Erkenntnisse von Herrn Dr. h.c. F. W. Krücken lag in seiner Feststellung, dass Mercator die Karte mit den mathematischen Kenntnissen der Mittelstufe (hier insbesondere die Ähnlichkeitslehre des 6. Buches der Elemente des Euklid), also ohne die Verwendung der Methoden der Differential- und Integralrechnung, erstellt hat. In meiner Untersuchung soll der Frage nachgegangen werden, in wie weit die Karte Aussagen darüber zulässt, ob diese rein geometrisch konstruiert worden ist oder, wie etwa Gaspar und Leitão behaupten[1], durch Zuhilfenahme der Rhumbentafel des John Dee zustande gekommen ist.

Meine Untersuchung erfolgt in den folgenden Schritten:

1. Untersuchung der Mess- und Scangenauigkeit
2. Die Zeichengenauigkeit Mercators bei linearen Skalen (Längengrade)
3. Untersuchung der Karte in Bezug auf Verzerrungen (z.B. durch Einflüsse auf die Karte durch Feuchtigkeit o.ä.)
4. Zeichengenauigkeit beim Organum
5. Untersuchung der Breitenskala
6. Untersuchung möglicher Konstruktionsverfahren
7. Resümee

---

[1] EMS Newsletter March 2016, S.44-49, Joaquim Alves Gaspar and Henrique Leitão, How Mercator Did It in 1569: From Tables of Rhumbs to a Cartographic Projection: „Our study has shown that Mercator, both for historical and numerical reasons, most certainly used a table of rhumbs for calculating his projection in 1569."

1. Untersuchung der Mess- und Scangenauigkeit

Für die Untersuchung wurde zum einen das Public-Domain-Programm GIMP verwendet.

Zur Durchführung wurde eine ca. 3000-25000-fache Vergrößerung gewählt, so dass die einzelnen Pixel als Quadrate dargestellt werden. Die Messungen erfolgten mit dem Werkzeug *Rechteckige Auswahl*.

Sobald sich die Maus über einem der 8 möglichen Griffbereiche befindet, wird in der Statusleiste die aktuelle Größe des eingezeichneten Rechtecks in Pixeln angezeigt.

Die Rechteckseiten springen dabei immer genau auf die Pixelränder. Somit ist die kleinste messbare Größe gerade 1 Pixel, was dem Auflösungsvermögen des Scanners entspricht.

Zum Zweiten kommt das von Roland Mechling entwickelte Programm EUKLID DynaGeo zum Einsatz, welches ich jahrelang am Mercator-Gymnasium Duisburg im Geometrieunterricht einsetzte. Auch dieses Programm ist mittlerweile als Open-Source-Programm für jedermann zugänglich (s. z.B.: https://www.dynageo.de).

Alle Programme wurden mit der Open-Source-Software Lazarus verwirklicht, dem freien Nachfolger von Turbo-Pascal/Delphi.

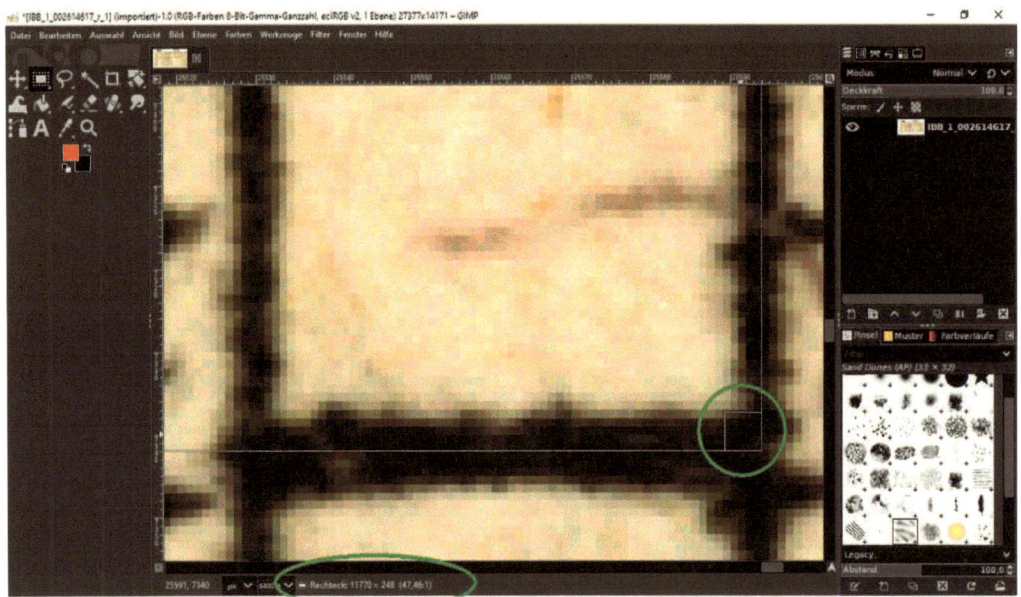

Abb. 1: Rechteckig Auswahl in Gimp mit Griffbereich in der rechten unteren Ecke und Größenangabe in der Statusleiste

Da man i.A. von einer manuell erreichbaren Zeichengenauigkeit von 0,2 mm (dies entspricht ca. 4 Pixeln) ausgeht, werden Werte als ganzzahlige Pixelangaben erfasst.

Die Karte wurde in 6 überlappenden Teilen eingescannt
(http://www.fwkruecken.de/Bd_5.pdf, S.III).

Auf jedem dieser Teile ist u.a. ein (Farb-)Lineal mit einer Zentimeter-Skala erfasst.

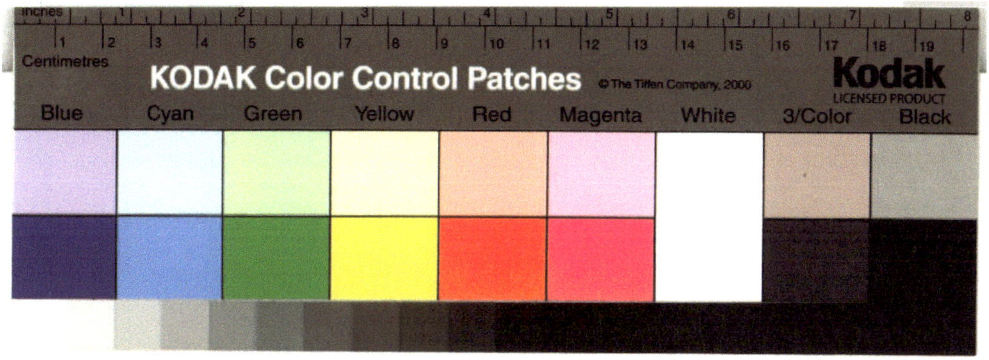

Abb. 2: Kodak-Lineal mit Grautreppe

Es ist unklar, mit welcher Genauigkeit die Scanner-Auflösung von 600 DPI garantiert werden kann. Da zudem das Lineal höchstwahrscheinlich nicht geeicht/kalibriert gewesen ist, lassen sich zumindest keine Aussagen über den exakten Abbildungsmaßstab gewinnen.

Daher kann im Folgenden nur die relative Messgenauigkeit angegeben werden. Dies tut jedoch den weiteren Untersuchungen keinen Abbruch, denn alle relativen Messwerte lassen sich durch Multiplikation mit demselben, geeignet gewählten Proportionalitätsfaktor in die absoluten Messwerte umrechnen.
Die Tatsache, dass der Proportionalitätsfaktor unbekannt ist, hat keinen Einfluss auf die Schlussfolgerungen, die in diesem Artikel aus den gefundenen Messwerten gezogen werden.

Es konnten nur die Zentimeter-Markierungen von 1 bis 19 verwendet werden, da am linken Rand des Kodak-Lineals etwas mehr als 1 mm fehlte (Abnutzung?).

Aus der Vermessung der Lineale aus den 6 Scan-Dateien wurden durch lineare Regression die folgenden Werte ermittelt:

	Lineal 1	Lineal 2	Lineal 3	Lineal 4	Lineal 5	Lineal 6	Mittelwert
Standardfehler	0,590	0,823	0,914	0,831	1,089	0,606	0,809
min. Abweichung	-1,186	-1,685	-1,286	-1,474	-1,583	-1,271	-1,685
max. Abweichung	0,846	1,478	2,432	1,421	1,319	1,459	2,432
Pixel/cm	235,862	236,023	235,880	235,842	235,951	235,919	235,913
mm/Pixel	0,042	0,042	0,042	0,042	0,042	0,042	0,042
Auflösung in ppi	599,089	599,499	599,136	599,039	599,316	599,234	599,219
Abw. v. Mittelwert	0,02 %	-0,05 %	0,01 %	0,03 %	-0,02 %	0,00 %	

Tabelle 1: Vermessung der Lineale

Der Mittelwert weicht nur um 0,13 % nach unten von der angegebenen Scannerauf-lösung von 600 DPI ab.

Für die Vermessung der Breitengrade wurden, um die automatische Kontrolle zu er-leichtern, die Ausschnitte so gedreht, dass die Skalen möglichst waagerecht oder senkrecht verlaufen. Dazu waren Rotationen (von unkritischen 90° Drehungen abge-sehen) von 0,711° erforderlich.
Es sollte sichergestellt sein, dass diese Rotationen keinen merklichen Einfluss auf die Ergebnisse haben.

Deshalb wurde zum einen der Einfluss auf die Ergebnisse bei der maximalen Rotation von 0,711° (beim Maßstab, der auf dem 5. eingescannten Teilstück abgebildet war) genauer untersucht.
Das Lineal aus der 5. Datei wurde daher sowohl ungedreht als auch gedreht vermessen.

Dabei ergaben sich bei 18 Abständen der Zentimeter-Skalenstriche gleiche Ergebnisse, lediglich einer war nach der Rotation um 1 Pixel größer. Dies entspricht einem Unterschied von weniger als 0,05 mm.

Die lineare Regression ergab die folgenden Durchschnittswerte:

	Pixel pro cm	Standardabweichung	Auflösung in DPI
Original-Skala	235,92	1,08	599,24
gedrehte Skala	235,95	1,09	599,31
Unterschied in %	+0,01 %	+0,58 %	+0,01 %

Tabelle 2: Vergleich für Lineal 5 zwischen gedrehter und ungedrehter Bilddatei

Somit ist der Einfluss der Rotation so minimal, dass er vernachlässigt werden kann.

Es zeigt sich also, dass die (Un-)Genauigkeit des Scanners in horizontaler Richtung weit unterhalb der Zeichengenauigkeit liegt und somit keinen Einfluss auf die Mess-ergebnisse hat.

Bei den weiteren Untersuchungen können wir von einer Scanner-Auflösung von 600 DPI ausgehen, da die ermittelte Abweichung vernachlässigbar ist und zudem nicht si-chergestellt werden kann, in wie weit das verwendete Lineal kalibriert war.

2. Die Zeichengenauigkeit Mercators bei linearen Skalen

Einen ersten Eindruck bekommt man, wenn man die Längenskala am Äquator (auf den eingescannten Teilen 3 und 4) und die im Organum (auf dem eingescannten 6. Teil) untersucht.

Die Längenskala der Karte erstreckt sich über 6 Druckplatten, jede erfasst einen Bereich von 60°.

Diese 6 Bereiche wurden getrennt untersucht, um eventuelle Unterschiede zwischen den insgesamt 6 Druckplatten erfassen zu können.

Wie man z.B. der Windrose bei 120° (s. Abb. 3) entnehmen kann, sind diese Teile nicht sehr exakt zusammengeklebt worden. Daher wurde grundsätzlich der erste und letzte Grad-Abschnitt ausgespart und die Untersuchung mit den verbleibenden 58 Grad-Abständen durchgeführt.

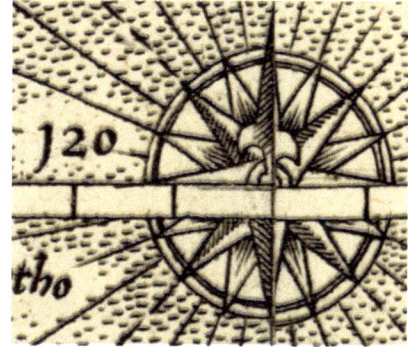

Abb. 3: Windrose bei 120°

Die folgende Tabelle gibt Auskunft über Mittelwert, Standardabweichung von den durch Regression ermittelten Werten, minimalen und maximalen Wert der Abweichungen von den gemessenen Grad-Abstände in Pixeln:

Bereich	Mittelwert	σ	minimale Abweichung vom Regressionswert	maximale Abweichung vom Regressionswert
181° - 239°	130,521	2,934	-7,83	8,474
241° - 299°	130,607	1,294	-2,45	3,44
301° - 359°	130,927	2,0354	-5,02	4,01
1° - 59°	130,486	2,091	-4,66	5,03
61° - 119°	130,193	1,962	-5,69	3,99
121° - 179°	130,501	2,2566	-5,23	4,33
Gesamtbereich	130,539	2,095		

Tabelle 3: Auswertung der Längenskala am Äquator

Man geht heutzutage davon aus, dass manuell eine Zeichengenauigkeit von 0,2 mm erreicht werden kann, dies entspricht bei 600 DPI etwa 4,7 Pixel.
Lediglich für die erste Druckplatte ist $2*\sigma > 4,7$ Pixel.

Im Intervall [m - 2*σ ; m + 2*σ] liegen bei einer Normalverteilung über 95% aller Messwerte.

Die Auszählung ergibt, dass lediglich 4,02% aller Messwerte um mehr als 2*σ vom Regressionswert abweichen.

Als Mittelwerte aller 6 Mittelwerte ergibt sich ein Wert von 130,54 Pixel mit σ = 0,21 Pixel, der Mittelwert der Standardabweichungen der 6 Druckplatten von den Werten der linearen Regression beträgt 2,10 Pixel.

Da bei einem normalverteilten Wert über 99% aller Werte im Intervall [m - 3*σ ; m + 3*σ] liegen (und kein Messergebnis eine Abweichung vom Regressionswert aufweist, welches größer als 3*σ ausfällt), kann man davon ausgehen, dass Mercator mit 99 prozentiger Sicherheit die Längengrade mit 55,26 ± 0,27 mm / 10° gezeichnet hat.

Zwischen den 6 Druckplatten lässt sich kein nennenswerter Unterschied der Abstände pro Grad ausmachen, die Mittelwerte schwanken um weniger als 1 Pixel. Dieser Unterschied ist kleiner als der durch das Runden der Messwerte auf ganzzahlige Pixel-Werte.

Daraus resultiert ein Umfang (360°) von 360*130,5 Pixel = 46994,1 Pixel. Daraus berechnet man den Radius der Erdkugel zu 7479,3 Pixel. Dies entspricht bei 600 DPI einem Radius von 316,6 mm.

Die Untersuchung des Organums gestaltet sich einfacher, da es sich auf einer Druckplatte befindet.
Mercator hat einen Bereich von 0° - 90° erfasst. Die lineare Regression der Messwerte lieferte einen Wert von 51,625 Pixel / 1° mit σ = 1,697, die minimale Abweichung vom Mittelwert betrug -3,62 Pixel, die maximale 3,74 Pixel. Somit wurde auf dieser Längenskala ein Maßstab von 2,185 ± 0,072 mm / 1° benutzt.

Zusammenfassend kann man also feststellen, dass Mercator bei beiden Längenskalen, bei denen es darum geht, äquidistante Abstände einzutragen, eine erstaunliche Genauigkeit erreicht hat.

So stellt beispielsweise Peter Mesenburg 2004 in seinem Artikel „Abbildungen gestern und heute – Die Weltkarte des Gerhard Mercator von 1569"[2], nachdem er die 10°-Meridian-Abstände der auf ca. 55% verkleinerte Reproduktion vermessen hat, fest:

„Die Standardabweichung der Strecken schwankt je nach Lage zwischen sb = ± 0,13 mm und sb = ± 0,16 mm und zeigt, dass die Meridianbilder mit hervorragender Genauigkeit konstruiert wurden."

Bei der Untersuchung der Abstände der Breitenkreise (auch wieder für 10°-Abstände) folgert er:

„Die Abstände der Breitenkreise „werden im gleichen Breitenintervall ermittelt, und es zeigt sich, dass die Genauigkeit der Breitenkreisabstände ebenso sehr genau eingestuft werden kann. Die Standardabweichung der Strecken schwankt je nach Lage des Intervalls zwischen sm = ± 0,06 mm und sm = ± 0,23 mm und entspricht damit auch heutigen Anforderungen.

Der Vergleich der einzelnen – aus der Karte ermittelten – Breitenkreisabstände mit entsprechenden berechneten Werten ergibt jedoch ein bemerkenswertes Fehlerbild. Mit zunehmendem Abstand vom Äquator werden die Kartenmaße der Abstände zwischen den Breitenkreisbildern systematisch kleiner als die berechneten Sollmaße, so dass am nördlichen und südlichen Rand der Karte bei Addition der einzelnen Werte beträchtliche Netzungenauigkeiten resultieren."

Seine Ergebnisse decken sich mit denen, die ich für die Untersuchung der 1°-Abstände (diesmal aber nicht an der verkleinerten Reproduktion, sondern an der digitalisierten Originalkarte) oben beschrieben habe.

Bei dem von ihm konstatierten Fehlerbild unterlaufen ihm aber zwei Denkfehler. Zum einen zieht er die auf Grundlage heutiger Mathematikkenntnisse ermittelten Abbildungsgleichungen zum Vergleich heran. Dies ermöglicht eine Gegenüberstellung von Mercators Karte zu heutigen Karten, die er in seinem Artikel im Folgenden angeht. Für die Beurteilung der Genauigkeit von Mercators Kartenkonstruktion ist dies aber kontraproduktiv. Mercator hat – auch aus heutiger Sicht – eine fabelhafte Näherungslösung auf konstruktive Weise gefunden. Wir werden im Kapitel 5 die Abweichung zwischen exakter Lösung mittels Integralrechnung und konstruktiver Näherungslösung genauer untersuchen.

Dem zweiten Denkfehler wäre auch ich fast verfallen.

Durch die erstaunliche Genauigkeit, die Mercator auf der Längenskala erreicht hat, ist man zu der Annahme verleitet, dass Mercator seine gesamten Zeichnungen mit einer solchen Präzision durchgeführt hat. Die Messergebnisse zeigen aber nur die Präzision, die Mercator beim Auftragen von äquidistanten Strecken erreicht.

Dieser 1°-/10°.Abstand auf dem Längenkreis (oder auch die Abstände der Breitenkreise) wurde von Mercator allerdings aus anderen Längen übernommen oder durch

---

2 In: Kartographische Schriften Band : Der X Faktor – Mehrwert für Geodaten und Karten, B.J. Horst (Hrsg.), S. 186-195, Kirschbaum Verlag, Bonn 2004

Konstruktion abgeleitet. Wenn er den 1°-Abstand um 0,05 mm zu groß gemessen haben sollte, dann wären alle 10°-Abstände um 0,5 mm zu groß.

Vergleicht man nun die Berechnung von Peter Mesenburg mit der alternativen Variante, bei der man in Betracht zieht, dass Mercator u.U. Übertragungsfehler bei der Konstruktion zur Ermittlung der Breiten oder beim Abgreifen der Meridian-Abstände gemacht hat und benutzt als Sollwert nicht den durch Integralrechnung ermittelten, sondern die von Mercator beschriebenen Methode zur Ermittlung der vergrößerten Breiten, ergibt ich ein ganz anderes Bild:

	Mesenburger: Sollwerte durch neuzeitliche Abbildungs-gleichungen, keine Fehler bei der Bestimmung von Längen- und Breitenabständen				Mercator: Sollwerte durch konstruktive Bestimmung Übertragungsfehler bei den Meridian- oder Breitenkreisabständen			
	Soll (Mittel) [mm]	Ist (Mittel) [mm]	Δb [mm]	Σ Δb [mm]	Soll (Mittel) [mm]	Ist (Mittel) [mm]	Δb [mm]	Σ Δb [mm]
0°-10°	30,1	29,9	0,2	0,2	29,6	29,9	0,3	0,3
10°-20°	31,1	31,0	0,1	0,3	30,4	31,0	0,6	0,9
20°-30°	33,1	32,4	0,7	1,0	32,4	32,4	0,0	0,9
30°-40°	36,7	35,6	1,1	2,1	35,8	35,6	-0,2	0,7
40°-50°	42,5	41,0	1,5	3,6	41,4	41,0	-0,4	0,3
50°-60°	52,6	50,6	2,0	5,6	51,0	50,6	-0,4	-0,1
60°-70°	71,9	69,4	2,5	8,1	69,2	69,4	0,2	0,1

Tabelle 4: Fehlerbeurteilung von Mercators Konstruktion

Man sollte also nicht den vorschnellen Schluss ziehen, dass Mercator alle Längen mit der Genauigkeit konstruiert und zeichnet, die er beim Zeichnen äquidistanter Strecken erreicht. Welche weitergehenden Fehlerquellen die Konstruktion der Breitenkreis-Abstände verfälschen können, ist Inhalt der Untersuchung der Breitenskala in Kapitel 5.

3. Untersuchung der Karte in Bezug auf Verzerrungen

Von den Windrosen 1 bis 20 (vgl. Abb. 5) gehen Loxodro-menbüschel in jeweils 32 verschiedene Himmelsrichtungen aus.

Ich habe diese Loxodromen für die 9. Rosette auf Geradlinig-keit hin untersucht; es lässt sich so gut wie keine Abweichung vom geradlinigen Verlauf feststellen (vgl. Abb. 4).

Abb. 4: Loxodromenbüschel der 9.Rosette aus vgl. Abb. 5

Die begrenzenden Kreise der über die Karte verteilten 21 Windrosen (vgl. Abb. 5) ermöglichen es, die Karte auf lineare Verzerrungen hin zu untersuchen

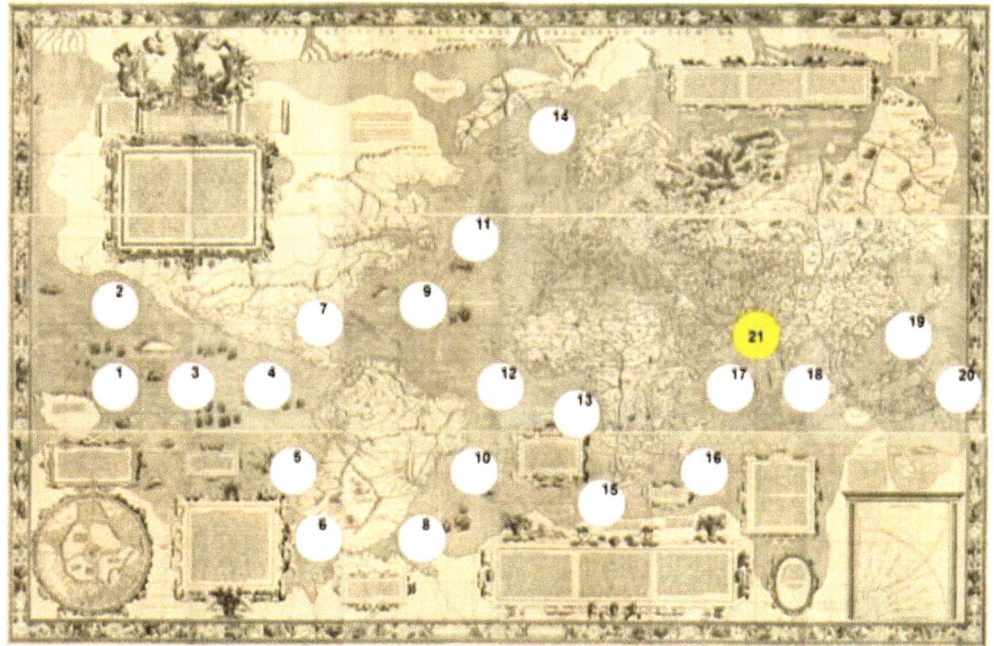

Abb. 5: entnommen aus F.W. Krücken, Ad maiorem Gerardi Mercatoris gloriam, Bd. VI, S.4

Dies hat Herr Dr. h.c. Krücken bereits im Band VI seines Werks *Ad majorem Gerardi
Mercatoris gloriam* konstatiert. Seine dortige Untersuchung der von ihm entdeckten
unvollendeten Rosette (Nr. 21) am *Faksimile 2011* zeigt deutlich, dass keine Verzerrung
der Karte erkennbar ist (siehe Abb. 6).

Abb. 6: entnommen aus F. W. Krücken, Ad maiorem Gerardi Mercatoris gloriam, Bd VI, S. 5

Durch das Programm EUKLID DynaGeo ist nun eine genauere Untersuchung des digitalen Abbildes der Karte dadurch möglich, dass man den im Original ca. 1,5 cm

großen Kreis so stark vergrößert (ca. 20-fach), dass man eine interessante Entdeckung macht.

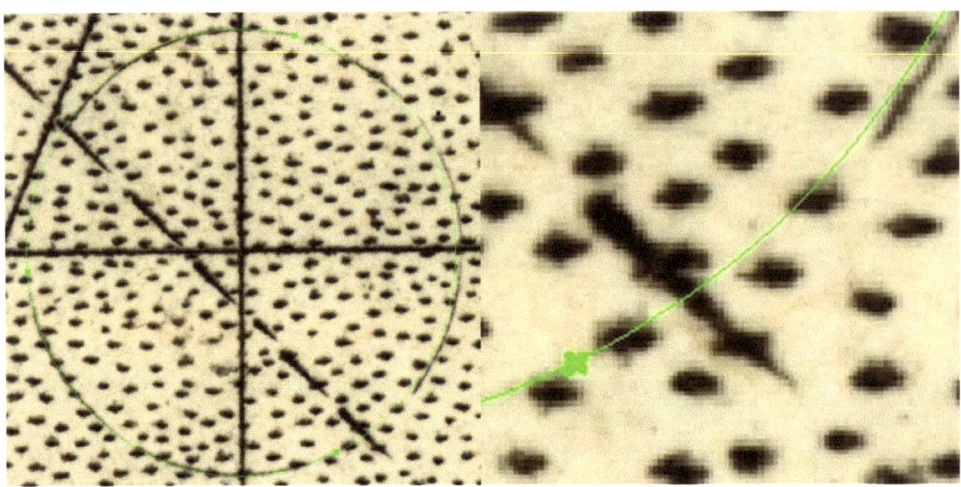

Abb. 7: Vergeblicher Versuch, alle 4 Bögen mit einem Kreis abzudecken

Es handelt sich nämlich nicht um einen in einem Stück gezeichneten Kreis, sondern Mercator hat für die Zeichnung mindestens vier mal neu angesetzt, wobei zumindest der Mittelpunkt jedes Mal minimal verschoben ist (s. Abb. 7).

In der Vergrößerung erkennt man, dass man also 4 Kreisbögen zeichnen muss, um die Linien Mercators zu treffen (s. Abb. 8). Keiner der 4 Bögen ist erkennbar verzerrt, so dass das Ergebnis von Herrn Dr. h.c. F. W. Krücken, dass keine physische Deformation der Karte zu erkennen ist, auch durch diese Vermessung bestätigt werden kann.

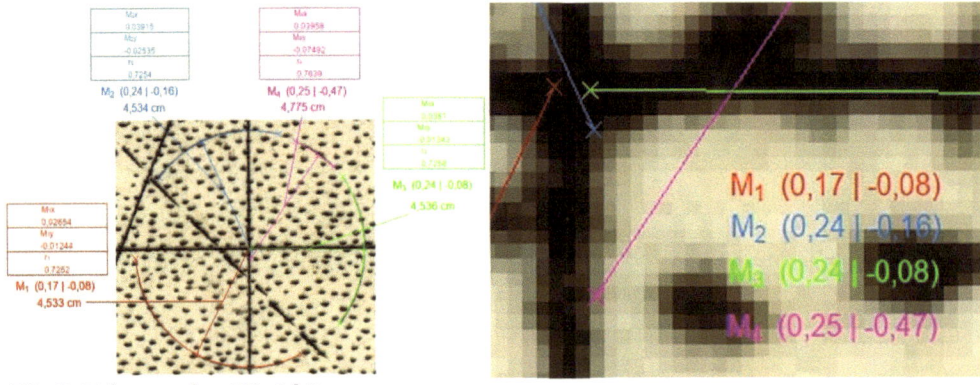

Abb. 8: Erfassung der 4 Kreisbögen

Um die gefundenen Messwerte zu untermauern, wurden die 3 Punkte, aus denen der 1. Kreisbogen rekonstruiert wurde, insgesamt 10 Mal gesetzt und aus den gefundenen Messwerten ein Mittelwert bestimmt. Zur Ermittlung des Abbildungsmaßstabs wurde von einer Scanner-Auflösung von 600 DPI ausgegangen. Die Messwerte für Bogen 1 sahen folgendermaßen aus:

	r	Mx	My
1	0,7272	0,02635	-0,0106
2	0,7274	0,02769	-0,0109
3	0,7275	0,02710	-0,0101
4	0,7287	0,02752	-0,0089
5	0,7252	0,02654	-0,0124
6	0,7259	0,02673	-0,0124
7	0,7277	0,02657	-0,0100
8	0,7282	0,02733	-0,0091
9	0,7256	0,02572	-0,0124
10	0,7271	0,02663	-0,0104
Mittelwert =	0,72705	0,02682	-0,01071
σ =	0,00114	0,00060	0,00131

Tabelle 5: Radius und Koordinaten des Mittelpunkts in cm

Die Abweichungen der Radien waren kleiner als 0,1 mm.

	in cm		in Pixeln		Abw. v. MW in cm		Abw. v. MW in Pixeln	
M1	0,027	-0,011	6,3	-2,5	-0,009	0,008	-2,0	1,8
M2	0,039	-0,031	9,3	-7,4	0,004	-0,013	0,9	-3,0
M3	0,040	-0,014	9,5	-3,2	0,005	0,005	1,1	1,2
$\varnothing$ =	0,035	-0,018	8,4	-4,4				
σ =	0,007	0,011	1,8	2,6				

Tabelle 6: Mittelpunkte der 3 Kreisbögen

Bei den Bögen 2 und 3 ergaben sich bei jeweils dreimaliger Vermessung Radien, die von dem gefundenen bei Bogen 1 um 0,003 cm abwichen, dies war weniger als ein Pixel. Man kann daher davon ausgehen, dass Mercator zwar denselben Radius verwendet hat, aber der Mittelpunkt leicht verändert ist. Wahrscheinlich hat Mercator eine Unterlage verwendet, um den Zirkel nicht direkt in die Kupferplatte einzustechen, welche dann bei jedem Neuansetzen leicht verrutschte.

Die Vermessung des 4. Bogen war nicht sinnvoll, da er zu kurz ausfällt.

Die 21. Windrose ist insofern ein Glücksfall, dass Mercator diese nur angeritzt hat, wodurch die Linien sehr dünn blieben und auch kaum ausfransten. Dadurch liegt uns an dieser Stelle die genaue Spur des Zirkels vor.

Anders bei den Rosetten 1 bis 20; hier ist eine solche Untersuchung nicht mehr möglich, da Mercator die Kreise so dick nachgezeichnet hat, dass die eigentliche Zirkel-Spur nicht mehr zu erkennen ist. Aber auch hier zeigt die digitale Vergrößerung, dass diese Rosetten aller Wahrscheinlichkeit nach durch mehrmaliges Ansetzen des Zirkels entstanden sind. So findet z.B. bei Rosette 3 im Süden der Windrose ein merklicher Sprung statt; rechts neben der südlichen Zacke und noch ein kleines Stück links daneben lässt sich ein Kreis mittig durch die gedruckte Linie zeichnen, links davon springt die Linie so, dass sie leicht oberhalb des gezeichneten Kreises verläuft (s. Abb. 9).

Abb. 9: Rosette 3 mit Vergrößerung des südlichen Teils

Nichtsdestotrotz zeigt sich aber auch hier, dass keine erkennbare Deformation der Karte vorliegt.

Im unteren linken Teil von Mercators Karte findet man die Abbildung des Nordpols: *In subjectam septentrionis descriptionem* Misst man die Durchmesser des äußeren Kreises der Gradeinteilung, so stellt man fest, dass der Ost-West-Durchmesser mit 22,62 cm gegenüber dem Nord-Süd-Durchmesser mit 22,35 cm und 0,27 cm größer ausfällt. Es liegt die Vermutung nahe, dass hier eine Dehnung der Karte in Ost-West-Richtung stattgefunden hat. Der Versuch, eine Ellipse mit dieser Haupt- und Nebenachse zu zeichnen, scheitert; es zeigt sich eine deutliche Abweichung von Mercators „Kreis" zu der eingezeichneten Ellipse, so dass diese Möglichkeit (Dehnung in Ost-West-Richtung) definitiv ausscheidet.

Es gelingt jedoch das, was bereits bei der 21. Rosette zum Erfolg führte; man muss den Kreis stückchenweise anpassen.

Eine Rekonstruktion des Kreises zeigt, dass Mercator auch hier mindestens 4 Mal neu angesetzt hat (Zur Vorgehensweise vgl. das folgende Kapitel 4 bzgl. der Untersuchung der Kreise im Organum). Diesmal fallen sogar die Radien merklich unterschiedlich aus. Wahrscheinlich ist dies dadurch bedingt, dass er nicht nur einen Kreis, sondern mindestens 2 (den inneren und äußeren der Grad-Skala), vielleicht sogar bis zu zehn (falls man die der Ornamente am Rand mitzählt) konzentrische Kreise gezeichnet hat, so dass er den Radius jeweils neu eingestellt hat, bevor er den nächsten Bogen zeichnete.

Die vier gefundenen Radien betrugen 11,41 cm, 11,12 cm, 11,36 cm und 10,83 cm. Die Abweichung vom Mittelwert 11,18 cm betrug maximal 3,5 mm.

Weiterhin ist festzustellen, dass die Mittelpunkte vom eingezeichneten Mittelpunkt (Nordpol) um 0,24 cm, 0,19 cm, 0,18 cm und 0,49 cm abweichen (vgl. Abb.10).

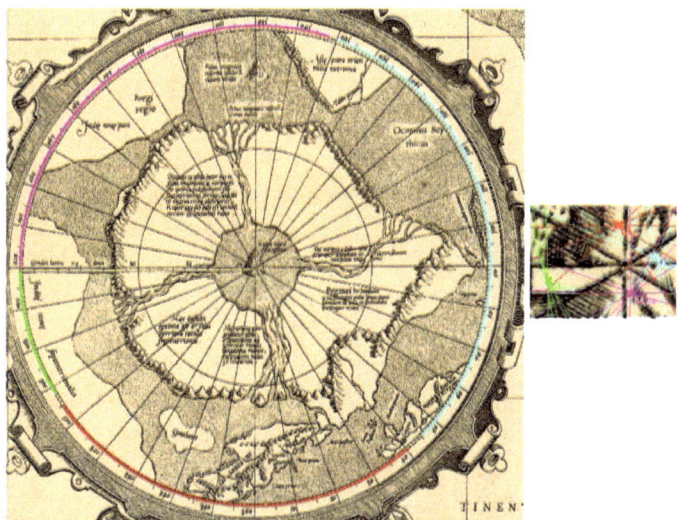

Abb. 10: Links: *ln subjectam septentrionis descriptionem*
Rechts:Ausschnitt mit den 4 Mittelpunkten

Diese Vorgehensweise zieht sich durch die ganze Karte. Wie wir im folgenden Kapitel sehen werden, sind auch die Viertelkreise im Organum nicht in Einem gezeichnet worden.

4. Zeichengenauigkeit beim Organum

Das Organum enthält zwei Winkelskalen. Die erste befindet sich an den Viertelkreisen, deren Mittelpunkt in der linken unteren Ecke liegt, die zweite an den Viertelkreisen, deren Mittelpunkt in der oberen linken Ecke zu finden ist (siehe Abb.11).

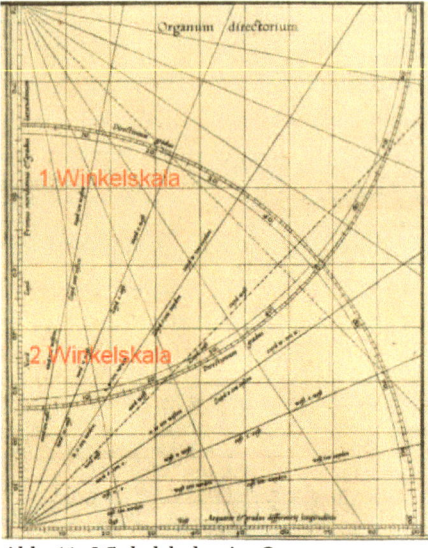

Abb. 11: Winkelskalen im Organum

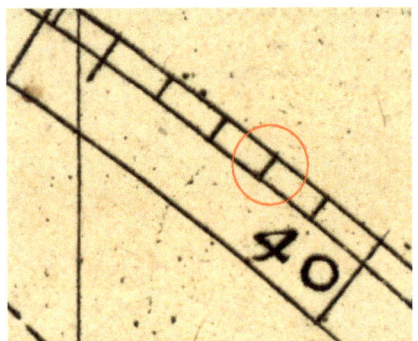

Abb. 12: schräge Gradmarke. bei 38°

Wie man in Abb. 12 erkennen kann, hat Mercator für die Grad-Skalen jeweils drei Viertelkreise gezeichnet. Die drei Kreise der ersten Winkelskala sind im Folgenden mit 1 – 3 nummeriert, die der 2. Winkelskala mit 4 – 6. Dabei sind 1 und 4 jeweils die äußeren, 2 und 5 die mittleren und 3 und 6 die inneren Kreise.

Die Grad-Markierungen sind leider nicht immer exakt radial eingezeichnet, so dass sich ein kleiner Unterschied ergibt, je nachdem, ob man die Markierung an den äußeren (Kreise 1 und 4) oder an den mittleren Viertelkreisen (Kreise 2 und 5) abliest (vgl. z.B. die eingekreiste Grad-Markierung in Abb. 12).

Lediglich die 10°-Markierungen sind bis zu den inneren Kreisen 3 und 6 durchgezogen und berühren daher auch den inneren Kreis; diese inneren Berührungspunkte wurden nicht weiter untersucht.

Die erste Untersuchung der Winkelskala ergab nach den hervorragenden Ergebnissen bei den Längenskalen eine ziemliche Überraschung.

Es zeigte sich, dass die Genauigkeit der Winkelskalen an die der Längenskalen nicht heranreichen kann (Das Gleiche gilt übrigens auch für die Winkelskala am Nordpol aus Kapitel 3).

Das Diagramm in Abb. 13 zeigt die Abweichungen der beiden Gradeinteilungen, für Kreis 1 (roter Graph), falls man den Punkt (0°/0°) bzw. für Kreis 4 (blauer Graph), falls man den Punkt (75°/0°) als Mittelpunkt zu Grunde legt. Zusätzlich ist in hellgrün jeweils ein Polynom eingezeichnet. Diese Polynome zeigen den ungefähren Verlauf, falls nur die Fehler, die Mercator beim Zeichnen der beiden Kreise unterlaufen sind, berücksichtigt werden. Dazu kommen noch die üblichen Zeichenungenauigkeiten, die beim Einzeichnen der Skalenstriche entstehen. Dadurch kommen die klein-gezackten Linien zu Stande:

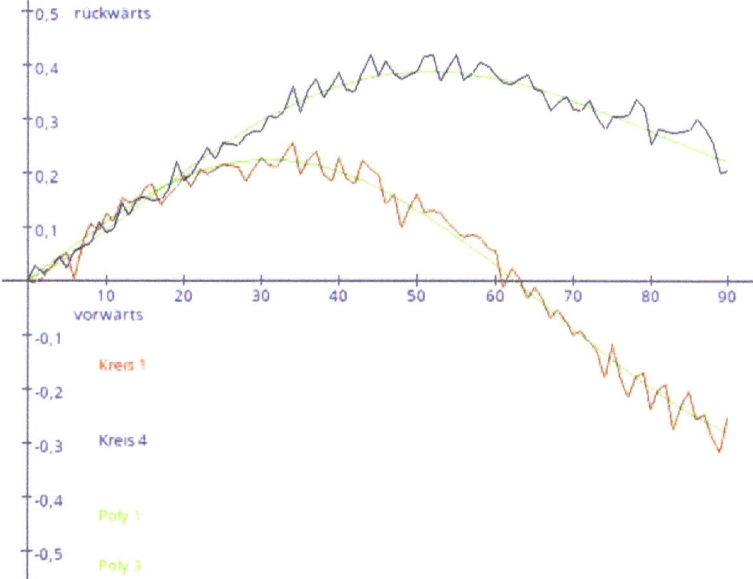

Abb. 13: Abweichung der Winkelskalen des Organums in Grad

Bei beiden Winkelskalen nimmt die Abweichung zuerst zu und erreicht für Kreis 1 bei etwa 30°, bei Kreis 4 bei 45° ihr Maximum (ca. 0,4° bzw. 0,25°). Bei Kreis 1 fällt sie dann stark ab, so dass sie am Ende ihr Minimum sogar im Negativen erreicht (ca. -0,3°), bei Kreis 4 fällt sie wesentlich weniger und ist zum Ende bei 0,2° Abweichung.

Wie Herr Dr. h.c. F.W. Krücken bereits 1992 feststellte (vgl. z.B. Friedrich Wilhelm Krücken, „Ad Maiorem Gerardi Mercatoris Gloriam VI", S. 8), variierten die Radien der Viertelkreise, wenn man (0°/0°) bzw. (75°/0°) als Mittelpunkte annimmt. Er kam damals durch den Schnitt der Mittelsenkrechten zweier Sehnen zu dem Schluss, dass die Mittelpunkte der Kreise nicht bei (0°/0°) bzw. (75°/0°) sondern bei (0°/1°) bzw. (75°/1°) liegen müssen.

Um seine Vermutung zu bestätigen, war es mein Ziel, den Viertelkreis an Hand der vorliegenden digitalen Daten auszumessen. Während er nur zwei Mittelsenkrechten, somit nur 4 Punkte auf dem Kreis verwendete, eröffneten die vorliegenden digitalen

Daten die Möglichkeit, 91 Messpunkte von 0° bis 90° im 1°-Abstand mit einer Genauigkeit von 0,1 Pixel zu setzen.

Die Messungen zur Bestimmung der Winkelabweichung wie auch alle folgenden wurden nicht an den gedrehten, sondern an den ungedrehten Original-Scan-Bildern vorgenommen, um sicherzugehen, dass die bei den Maßstäben gelegentlich zu beobachteden Sprünge das Ergebnis nicht verfälschen.

Um mit Hilfe eines Computerprogramms die optimalen Mittelpunkte zu bestimmen, wurden die x- und y- Koordinaten in 10 Pixel-Schritten, 1-Pixel-Schritten und immer kleiner werdenden Schritten wechselweise so lange verändert, bis jeweils keine Verbesserung mehr zu erzielen war.

Kriterium für eine Verbesserung lieferte die Standardabweichung des Mittelwerts der Abstände vom in Frage kommenden Mittelpunkt.

Durch diese Intervallschachtelung erhielt man also einen Mittelpunkt, für den die Abstände der 91 Kreispunkte vom Mittelpunkt eine möglichst geringe Standardabweichung vom Mittelwert aller Abstände aufweisen.

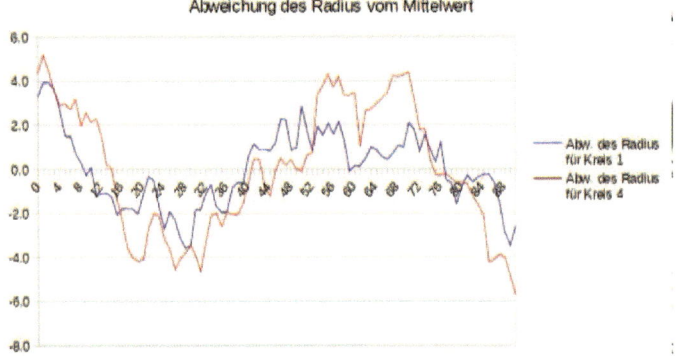

Abb. 14: Abweichung der einzelnen Abstände vom Mittelwert aller
Abstände vom optimalen Mittelpunkt

Die Abweichungen der Abstände vom Mittelwert aller Abstände zeigt das Diagramm in Abb. 14. Man entdeckt einen bemerkenswerten Verlauf. Etwa bei 45° scheint sich der Verlauf schlagartig zu verändern. Bis 45° liegt (von den üblichen Schwankungen durch die Messungenauigkeiten abgesehen) eine starke Linkskrümmung der Kurve vor, die ab der Mitte eher in eine etwas geringere Rechtskrümmung übergeht.

Für diesen „Bruch" im Krümmungsverhalten (2.Ableitung) gibt es meines Erachtens, insbesondere nach den Erkenntnissen aus Kapitel 3, eine simple Erklärung: Mercator hat zwei Achtelkreise von 0° - 45° und 45° - 90° mit unterschiedlichen Radien bzw. mit unterschiedlichen Mittelpunkten gezeichnet.

Um dieser Vermutung auf den Grund zu gehen, stellte ich weitergehende Untersuchungen an.

Es gibt – neben der Möglichkeit über Mittelsenkrechten von Sehnen – eine relativ einfache, aus dem Geometrieunterricht bekannte Methode, den Mittelpunkt und Radius eines Teilkreises zu ermitteln. Ich erläutere diese zuerst an Hand einiger Bilder, die ich mit dem Programm EUKLID DynaGeo erstellt habe.

Zeichnet man um mehrere Punkte, die auf der Peripherie eines Teilkreises liegen, Kreise mit gleichem Radius, kann eine von drei Möglichkeiten eintreten:
Der gewählte Radius kann kleiner als der des Teilkreises, genau so groß oder größer als dieser ausfallen.
Diese drei Möglichkeiten sind in den folgenden drei Abbildungen dargestellt:

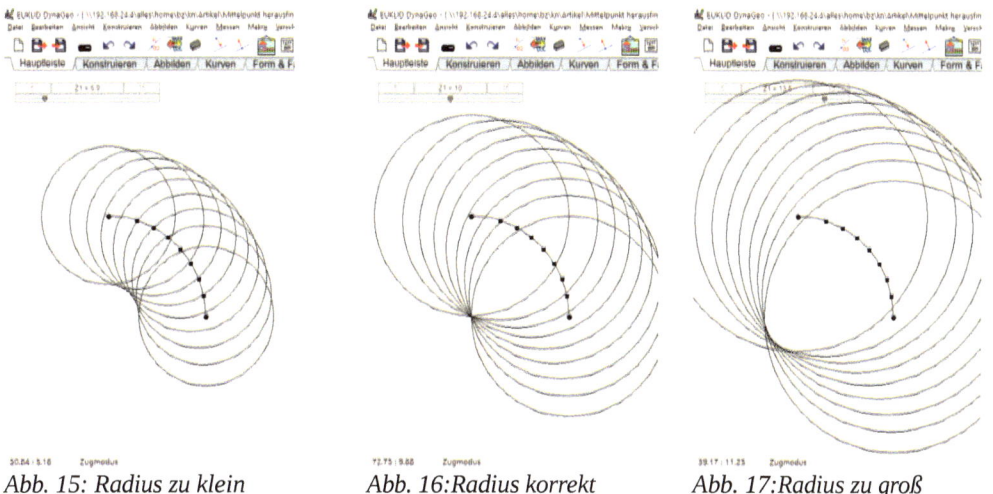

Abb. 15: Radius zu klein   Abb. 16:Radius korrekt   Abb. 17:Radius zu groß

Nur, wenn die Kreise den gleichen Radius haben wie der Teilkreis (siehe Abb. 16), schneiden sie sich in genau einem Punkt.
Doch was passiert, wenn die Mittelpunkte der Kreise nicht exakt auf dem Teilkreis liegen, wie dies zu erwarten ist, wenn diese durch Messungen ermittelt wurden oder wenn, wie bei Mercator, die Kreislinie zuerst nur angeritzt und danach dicker nachgezeichnet wurde? In diesem Fall liegt die dickere Linie nicht immer genau mittig zur geritzten und sie ist beim Druck der Karte sogar ausgefranst.
Diese Situation zeigen die folgenden Bilder. Dabei wurden die Abweichungen absichtlich so groß gewählt, dass der Unterschied deutlich zu erkennen ist. Der Punkt mit der größten Abweichung in Abb. 19 wurde rot eingefärbt:

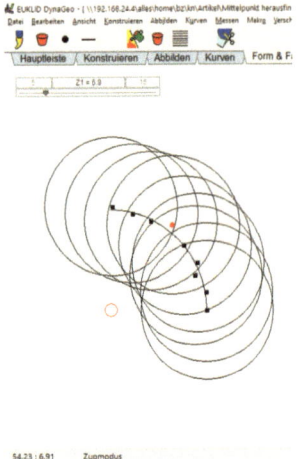 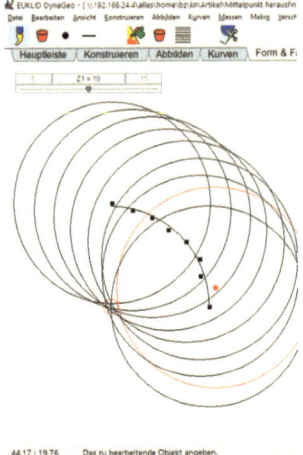 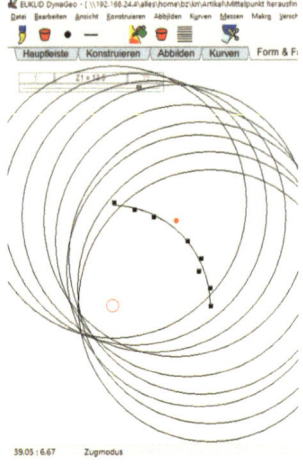

Abb. 18: Radius zu klein,
ungenau gesetzte Punkte

Abb. 19: Radius korrekt,
ungenau gesetzte Punkte

Abb. 20: Radius zu groß,
ungenau gesetzte Punkte

Zwar gibt es jetzt keinen gemeinsamen Schnittpunkt mehr, aber im Fall des korrekt gewählten Radius laufen alle Kreise durch einen Kreis um den exakten Mittelpunkt, dessen Radius durch die maximale Abweichung (der vorgegebenen Punkte vom vorgegebenen Kreis) bestimmt ist. Zur Verdeutlichung ist dieser Kreis in den obigen Bildern als kleiner roter Kreis eingezeichnet.

Der Kreis mit der größten Abweichung berührt (oder, falls es mehrere gibt, diese Kreise berühren) diesen Kreis in einem Punkt (wie in Abb. 19 zu erkennen).

Wie stellt sich die Situation allerdings dar, wenn es sich, wie im Organum vermutet, nicht um einen Kreis mit einem Mittelpunkt und Radius, sondern um mehrere Teilkreise mit verschiedenen Mittelpunkten und auch verschiedenen Radien handelt. Diese Situation ist in den folgenden Abbildungen dargestellt:

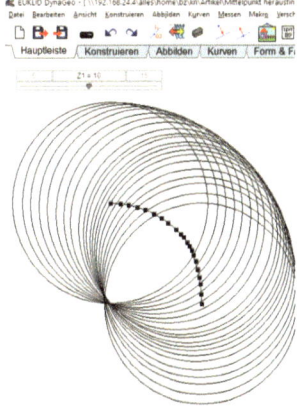

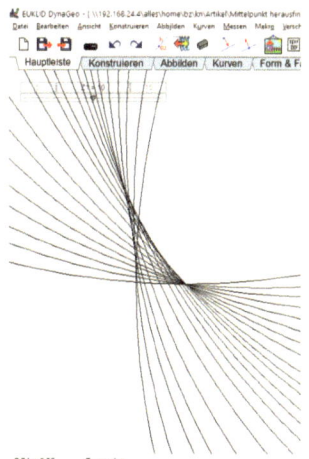

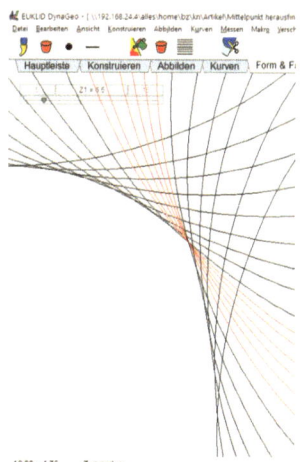

Abb. 21: 3 Bögen mit 3 verschiedenen Mittelpunkten und verschiedenen Radien

Abb. 22: 3 Bögen mit 3 verschiedenen Mittelpunkten und 3 verschiedenen Radien

Abb. 23: 3 Bögen mit 3 verschiedenen Mittelpunkten und 3 verschiedenen Radien

Bei den Abbildungen 21, 22 und 23 liegen die Punkte exakt auf den einzelnen Bögen, aber erst in der Vergrößerung in Abb. 22 kann man deutlich erkennen, dass sich etliche der Kreise in genau einem Punkt schneiden, in Abb. 23 wurden die Kreise die zu einem anderen Mittelpunkt mit anderem Radius gehören, rot eingefärbt, so dass man auch hier den Schnittpunkt gut ausmachen kann.

Um die Suche zu erleichtern, hilft es, nur die in Frage kommenden Kreise zu zeichnen, so wie dies in der nebenstehenden Abb.24 exemplifiziert wurde.

Die Bestimmung des Mittelpunkts und des zugehörigen Radius wird in dem Moment, in dem die Punkte nicht exakt auf den Kreisbögen liegen, natürlich schwieriger, hier muss man auf jeden Fall so wie in Abb. 24 die nicht Frage kommenden Kreise ausblenden.

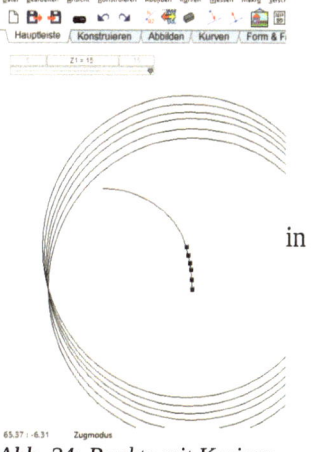

Zum Zweiten ist es sehr hilfreich, den Mittelpunkt, wie weiter oben beschrieben, für den entsprechenden Bogen durch eine Intervallschachtelung zu berechnen. Weiterhin hat es sich als günstig erwiesen, parallel dazu die Abweichungen in Abhängigkeit von den auf den Bögen liegenden Messpunkten grafisch darzustellen. Dies wird genau-

Abb. 24: Punkte mit Kreisen eines einzelnen Bogens

erläutert, wenn wir uns den Messdaten des Organums zuwenden. Um die Bestimmung des Mittelpunkts zu erleichtern, habe ich ein Lazarus-Programm entwickelt, mit dem sowohl die graphische Darstellung, die Ermittlung des optimalen Mittelpunkts mit dazugehörigem Radius und die Darstellung der Abweichungen automatisiert erfolgen konnte.

Das erste Bild zeigt das Ergebnis, wenn man versucht, den Mittelpunkt und den Radius des gesamten Viertelkreises zu ermitteln.

Damit man das Ergebnis besser einschätzen kann, zuvor noch eine Bemerkung zu den beobachteten Abweichungen. Abb. 25 zeigt einen Ausschnitt der zur Diskussion stehenden Kreise im Organum inklusive der erfassten Messpunkte (türkis).

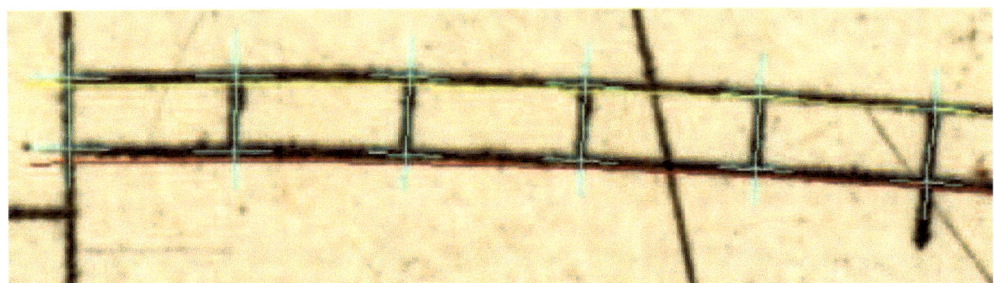

Abb. 25: Ausschnitt von 0° bis 5° mit eingezeichneten Messpunkten und den (Viertel-)Kreisen mit jeweils optimalem Mittelpunkt und Radius

In Abb. 26 wurde der Ausschnitt von 0°-1° so stark vergrößert, dass man die einzelnen Pixel gut erkennen kann.

Betrachtet man die Kreislinie, stellt man fest, dass der intensiv gefärbte Teil (dunkelbraun) in aller Regel nicht breiter als 4 Pixel ist, somit sollte der Kreis allerhöchstens 3 Pixel von den Messpunkten (türkis eingezeichnet), idealerweise jedoch nicht mehr als 1,5 Pixel abweichen. Liegt die Abweichung bei 4 Pixeln oder darüber, so verläuft der Kreis nicht mehr auf der gezeichneten Kreislinie.

Dies kann man für Kreis 1 (gelb) bereits in Abb. 25 zwischen 1° und 2° erkennen, in Abb. 26 wird dies im gesamten Bereich von 0° bis 1° für Kreis 2 (rot) noch deutlicher.

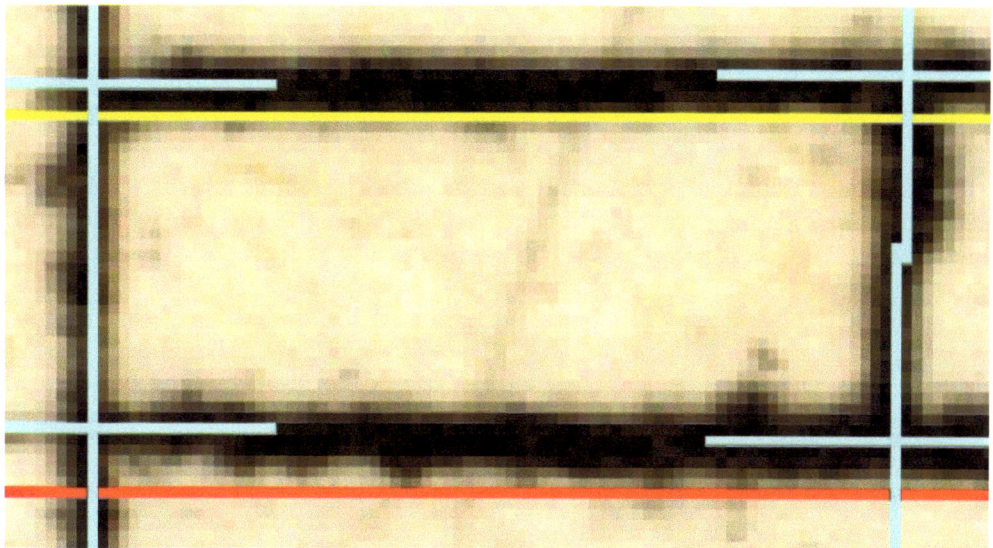

Abb. 26: Vergrößerung bis auf Pixelebene des Bereichs von 0°-1° von Abb. 25

Im Folgenden werden die Ergebnisse mit Hilfe eines Lazarus-Programms visualisiert. Da die internen Zeichenroutinen für Kreise – wie sich durch Kontrollmessungen herausstellte – für Kreise mit großen Radien ungenau sind, wurden diese durch 1440-Ecke ersetzt, deren Eckpunkte mit Hilfe der passenden sin-/cos-Werte berechnet wurden.

Die Untersuchungen werden hier nur für den Kreis 1 (gelb) durch Werte und entsprechende Abbildungen dargestellt. Ansonsten werden nur die maximalen Abweichungen aller Kreise in eckige Klammern „[…]" eingeschlossen hinter den Messwerten von Kreis 1 angegeben.

Das Lazarus-Programm ermittelt den optimalen Mittelpunkt und den optimalen Radius zu Messpunkten, die auf der gezeichneten Peripherie eines Kreises liegen. Das Ziel ist es, einen Kreis zu finden, bei dem die Messpunkte einen möglichst kleinen Abstand zu diesem Kreis aufweisen. Das Programm kennt zwei verschiedene Arbeitsmodi:

1. Der Mittelpunkt wird im Wechsel in x- und in y-Richtung so lange verschoben, bis die Standardabweichung vom Mittelwert aller Abstände minimal wird. Dabei finden zu Beginn größere Verschiebungen statt, die dann immer mehr verkleinert werden, so dass keine Verbesserung mehr erzielt werden kann.
2. Der Mittelpunkt wird festgehalten und der Radius so weit verändert, dass die Standardabweichung aller Abstände der Messpunkte zu einem Kreis mit diesem Radius minimal wird.
3. Die Modi 1 und 2 laufen automatisch ab, es ist aber auch möglich, Mittelpunkt und Radius manuell zu verändern, um sich manuell einen Eindruck von den Ergebnissen zu verschaffen.

Die Ergebnisse werden dadurch visualisiert, dass wie in Abb. 19 die Kreise gezeigt werden, die mit dem ermittelten Radius um die Messpunkte geschlagen werden. Im Idealfall sollten diese nicht weiter als 1,5, maximal 3 Pixel von dem gefundenen Mittelpunkt abweichen.

Bei der Bestimmung kann man ein Intervall im Bereich von 0° bis 90° angeben, für welches die Optimierung durchgeführt werden soll. Für alle 91 Messpunkte, also für das Intervall {0°;90°] sieht das Ergebnis folgendermaßen aus:

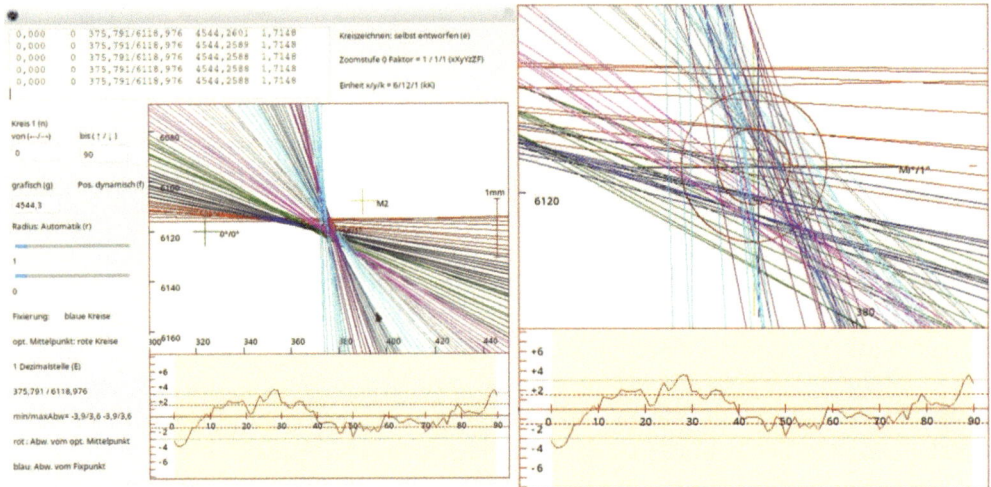

Abb. 27: : Analyseprogramm, rechts daneben starke Vergrößerung des Mittelpunktbereichs

In der Bildmitte sind zwei rote Kreise eingezeichnet, die einen Radius von 1,5 Pixel und 3 Pixel haben. In der Vergrößerung in Abb. 27 erkennt man deutlich, wie etliche Kreise außerhalb des 3-Pixel-Kreises liegen. Die minimale/maximale Differenz zum optimalen Radius beträgt -4,0/3,6 Pixel [-6,2/+8,1 Pixel]; das bedeutet:

Bei der Wahl eines Kreises mit diesem Mittelpunkts und Radius wird der Kreis an diesen Messpunkten Mercators Kreis nicht berühren, so wie dies in Abb. 26 für den roten Kreis dargestellt wurde.

Im unteren Teil des Programmfensters wurden diese Abstände in Abhängigkeit vom jeweiligen Winkel, an dem der entsprechende Messpunkte erfasst wurde, dargestellt.

Ganz anders sieht die Situation aus, wenn man das Verfahren getrennt für die Bereiche [0°;45°] bzw. [45°;90°] durchführt (siehe Abb. 28).

Die minimale/maximale Abweichung nach unten beträgt jetzt -1,8/1,3 Pixel [-3,0/1,9] Pixel für den Bereich 0°-45° und -1,4/1,5 Pixel [-3,6/2,6 Pixel] für den Bereich 45°-90°. Somit liegt der ermittelte Kreis komplett im von Mercator gezeichneten Kreis. Ob Mercator evtl. sogar weiter Unterteilungen gemacht hat, ist zwar theoretisch möglich, jedoch eher unwahrscheinlich.

Da Mercator die Kreise aller Wahrscheinlichkeit nach zuerst nur angeritzt hat wie bei Windrose 21, sind die Abweichungen nach oben oder unten eher darauf zurückzuführen, dass er die Linien anschließend (wahrscheinlich per Hand) dicker nachgezeichnet hat, wobei er manchmal mehr am oberen, manchmal mehr am unteren Rand der geritzten Linie gelandet ist.

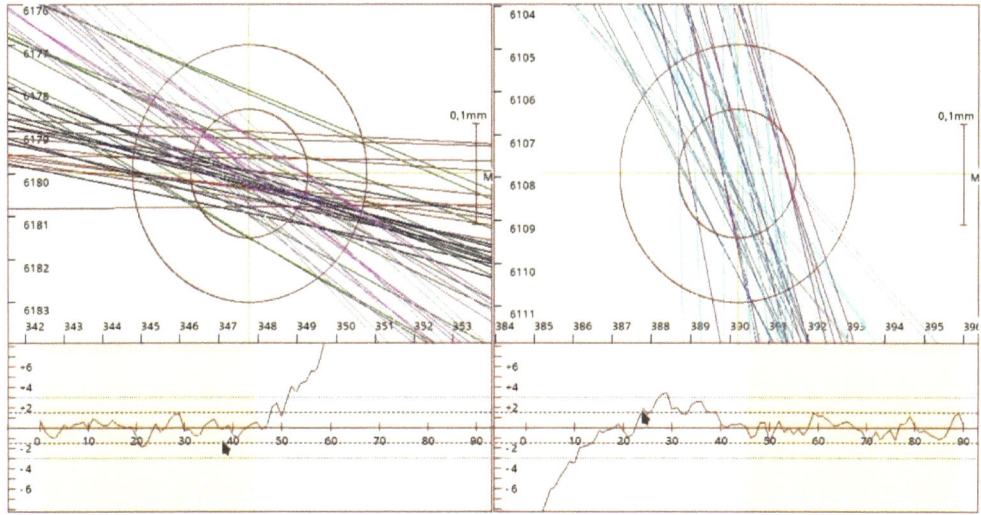

Abb. 28: : Links Optimierung für 0°-45°, rechts Optimierung für 45° bis 90°

Für die sechs Kreise des Organums ergeben sich die folgenden Mittelpunkte auf Grund der Optimierung für die Achtelkreise (siehe Abb. 29). Dabei sind die roten Mittelpunkte für den Optimierungs-Bereich von 0° bis 45°, rechts für 45° bis 90° zuständig. Die Kreise mit den Nummern 1 und 2 bzw. 4 und 5 sind die äußeren, zwischen denen die Gradstriche eingezeichnet wurden, die Kreise 3 und 6 die inneren, die nur zur Dekoration dienen.

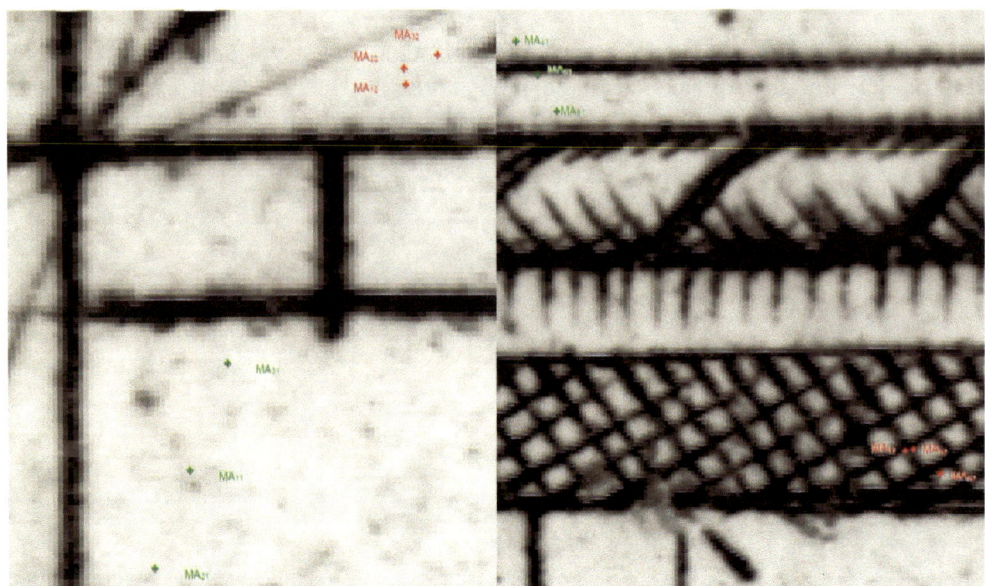

Abb. 29: Mittelpunkte der optimierten Achtelkreis

Die Optimierung lieferte das Ergebnis in Abb.30:

Die Optimierung ergab, dass auch die Radien differieren.

Hier das Ergebnis für Mittelpunkte und Radien
- bei der Optimierung für die 6 Viertelkreise
  (opt_M bzw. r für die Optimierung über den gesamten Bereich von 0° bis 90°)
  und
- bei der Optimierung für die 12 Achtelkreise
  (opt_M1 und opt_M2 bzw. r1 und r2, erstere für die Optimierung von 0° bis 45°,
  letztere für 45° bis 90°):

	Kreis 1		Kreis 2		Kreis 3		Kreis 4		Kreis 5		Kreis 6	
	x	y	x	y	x	y	x	y	x	y	x	y
opt_M	375,8	6119,0	378,3	6115,8	377,9	6115,7	311,2	182,8	316,4	182,5	316,6	185,8
opt_M1	347,8	6179,9	341,1	6198,2	355,2	6159,9	271,7	106,8	283,5	126,4	278,0	116,2
opt_M2	390,2	6107,9	389,7	6104,8	396,2	6102,4	385,3	221,5	387,5	221,1	395,4	227,9
r	4544,2		4506,1		4419,3		4609,0		4573,8		4485,7	
r1	4609,0		4593,4		4466,8		4691,2		4635,5		4561,7	
r2	4527,6		4492,3		4398,5		4528,8		4496,5		4400,3	

Tabelle 7: Mittelpunkte und Radien der Viertel-/Achtelkreise im Organum

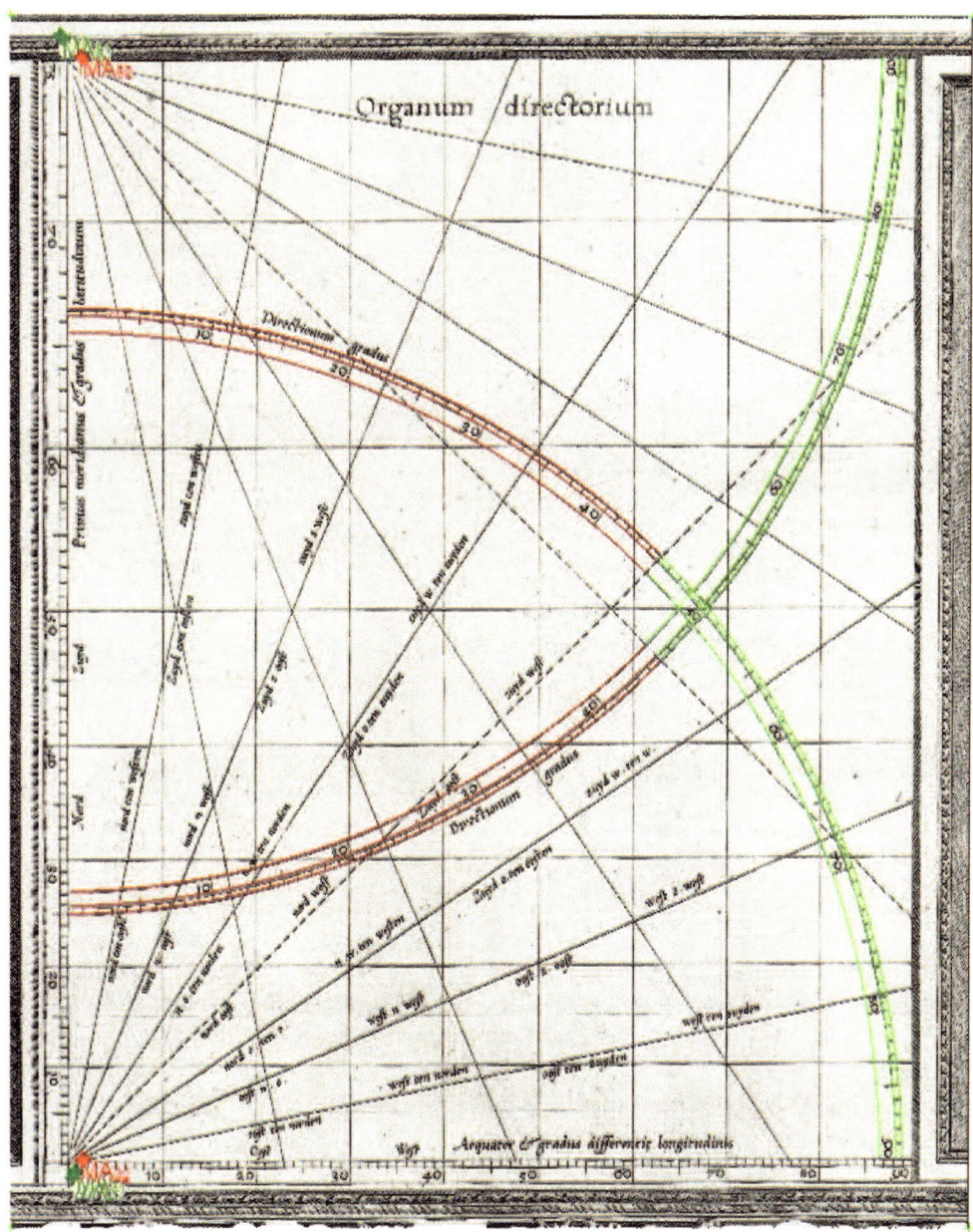

Abb. 30: Optimierte Achtelkreise im Organum

Man erhält als Differenz der Radien der beiden Achtelkreise:
3,3 mm, 4,1 mm und 2,8 mm bei den Kreisen 1 bis 3 und
6,6 mm, 5,7 mm und 6,6 mm bei den Kreisen 4 bis 5.
Ähnlich fallen die Abstände der jeweiligen Mittelpunkte aus:
3,4 mm, 4,3 mm und 2,9 mm bei den Kreisen 1 bis 3 und
6,6 mm, 5,7 mm und 6,6 mm bei den Kreisen 4 bis 5.

Die errechneten optimalen Mittelpunkte der Achtelkreise liegen zwischen 2,1 mm (M1 von Kreis 3) und 5,8 mm (M1 von Kreis 4) vom Ursprung 0°/0° entfernt.

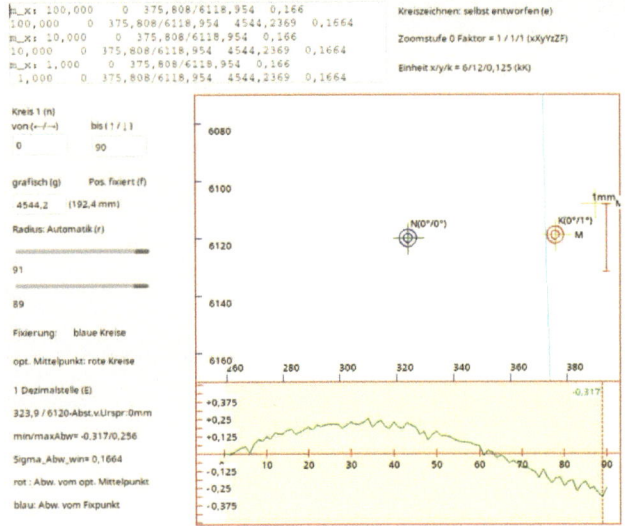

Abb. 31: Abweichung der Winkelskala (Scheitelpunkt im Ursprung)

Aus den verschiedenen, gegenüber dem Ursprung verschobenen Mittelpunkten und zudem noch leicht unterschiedlichen Radien resultiert auch die Tatsache, dass die eingezeichneten Winkel nicht mehr exakt sein können. Eine weitere Optimierung zeigt, dass auch das Zentrum des Winkelmessers weder im Ursprung noch in einem der Mittelpunkte angelegt wurde. Für die Winkel von 0°-75° ergibt sich die in Abb. 31 dargestellte Situation:

Misst man mit dem Scheitelpunkt im Ursprung, so sind im Bereich bis ca. 60° alle Winkel zu groß, die maximale Abweichung nach oben erhalten wir für 34° mit 0,256°, darüber fallen sie zu klein aus, die maximale Abweichung nach unten beträgt -0,315° für 89° (vgl. rot gestrichelter Cursor im unteren Diagramm in Abb. 31 bei 89°).

Durch Verlagerung des Scheitelpunkts um 4,8 mm nach links unten gelingt es zumindest für den Bereich von 0° bis 75° eine fast exakte Winkelskala zu erhalten. Deshalb können wir davon ausgehen, dass Mercator der Winkelmesser verrutscht ist. Dabei gilt zu bedenken, dass Mercator natürlich nicht die heutigen Winkelmesser zur Verfügung standen (z.B. Geodreiecke), die maschinell gefertigt werden und durch die Tatsache, dass sie durchsichtig sind, ein wesentlich präziseres Arbeiten ermöglichen. Dass im Bereich über 75° eine Abweichung unvermeidlich war, liegt in der Tatsache begründet, dass er sein Koordinatensystem nicht exakt rechtwinklig gezeichnet hat. Wie man aus Abb. 32 erkennen kann, war aus „Sicht" dieses Scheitelpunktes – er liegt tiefer als der Ursprung – der 90° Winkel zu groß (anders als aus Sicht des Koordinatenursprungs). Somit hat Mercator die Skala dadurch angeglichen, dass er für die letzten 15° die Winkel etwas zu groß gezeichnet hat.

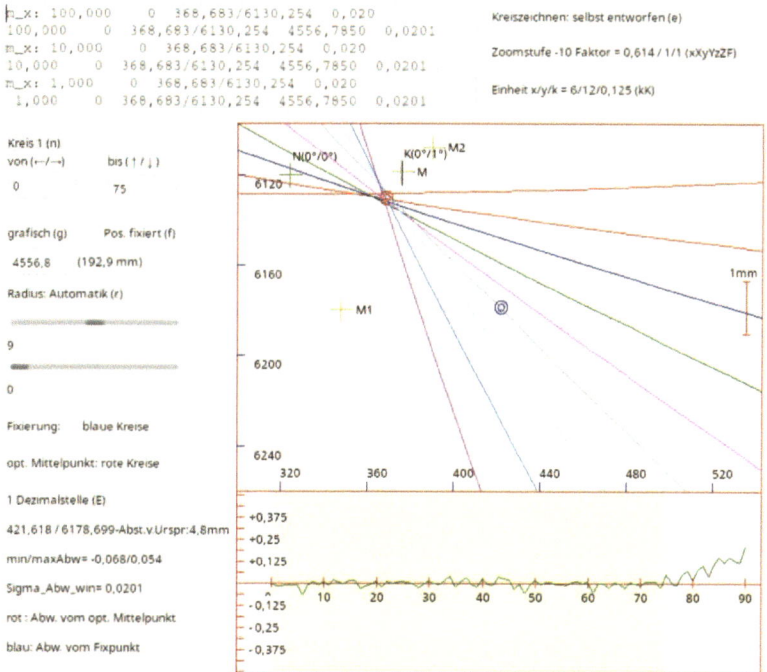

Abb. 32: Optimierung der Winkelskala bei Verschiebung des Scheitelpunkts

Durch die jetzt möglich gewordenen Untersuchungen konnte die Vermutung von Herrn Dr. h.c. F. W. Krücken, Mercator habe den Mittelpunkt in den Punkt 0°/1° gelegt, zwar nicht bestätigt werden, wichtiger jedoch erscheinen mir die gefundenen Tatsachen im Hinblick seine Erkenntnis, dass Mercator die Karte nur mit den mathematischen Kenntnissen der Bände 1-6 des Euklid (die Mercator im Brief an Wolfgang Haller vom 3.März 1581 darlegt) erstellt hat.

Geht man davon aus, dass Mercator für die Bestimmung der vergrößerten Breiten das Organum oder eine ähnliche Konstruktion zu Grunde gelegt hat, ergeben sich durch die Fehler aus den verschobenen Mittelpunkten und unterschiedlichen Radien und die verschobenen Winkelskalen zwangsläufig Abweichungen bei den vergrößerten Breiten gegenüber den theoretisch (rechnerisch) ermittelten Werten. Dies wird im nächsten Kapitel näher untersucht.

5. Untersuchung der Breitenskala

Es gibt sowohl eine Breitenskala an der linken Seite des Organums als auch auf der Hauptkarte am 350. Längengrad. Ich widme mich in der folgenden Darstellung hauptsächlich letzterer. Die Untersuchung mit EUKLID DynaGeo ergab die Messwerte in Tabelle 8.

Es stehen zwei offene Fragen im Raum:
- Hat Mercator berechnete Werte benutzt, um an die vergrößerten Breiten zu gelangen? Die Rhumbentafel, die Nunes veröffentlicht hat (opera 1566), war ja leer.
- Lassen sich die obigen Messwerte durch die von Herrn Dr. h.c. F. W. Krücken (wieder-) entdeckte rein geometrische Methode zur Konstruktion der vergrößerten Breiten erklären?

Bei der Beantwortung der ersten Frage ist zu bedenken, dass Mercator die Berechnung der kumulierten Werte mittels Integral der Secans-Funktion nicht möglich war, da die Entwicklung der Infinitesimalrechnung durch Leibniz und Newton erst in den siebziger Jahren des 17. Jahrhunderts erfolgte (also 100 Jahre nach der Entstehung der Weltkarte Mercators).

Anderweitige Berechnungen setzen aber voraus, dass man eine Konstruktion kennt, die die näherungsweise Ermittlung der vergrößerten Breiten gestattet. Dabei spielen auf jeden Fall trigonometrische Funktionen eine Rolle.

Eine Berechnung hätte dann den Vorteil, dass keine zusätzlichen Fehler entstehen, welche bei einer konstruktiven Vorgehensweise unvermeidlich sind.

Winkel	Messwerte		Winkel	Messwerte		Winkel	Messwerte	
in Grad	in Pixel	in mm	in Grad	in Pixel	in mm	in Grad	in Pixel	in mm
-66	-11300,7	-478,4	-17	-2267,7	-96,0	32	4335,2	183,5
-65	-11002,7	-465,8	-16	-2136,7	-90,5	33	4487	189,9
-64	-10707,7	-453,3	-15	-2003,6	-84,8	34	4646,2	196,7
-63	-10421,7	-441,2	-14	-1868,5	-79,1	35	4804,5	203,4
-62	-10144,7	-429,5	-13	-1729,3	-73,2	36	4961,1	210,0
-61	-9877,7	-418,2	-12	-1590,2	-67,3	37	5122,4	216,8
-60	-9625,7	-407,5	-11	-1460,5	-61,8	38	5283,4	223,7
-59	-9382,7	-397,2	-10	-1322,5	-56,0	39	5447,3	230,6
-58	-9143,7	-387,1	-9	-1195,7	-50,6	40	5609,2	237,5
-57	-8907,7	-377,1	-8	-1059,5	-44,9	41	5770,7	244,3
-56	-8676,7	-367,3	-7	-925,3	-39,2	42	5939,5	251,4
-55	-8448,7	-357,7	-6	-786,5	-33,3	43	6110,4	258,7
-54	-8235,7	-348,6	-5	-655,8	-27,8	44	6287,3	266,2
-53	-8012,7	-339,2	-4	-522,1	-22,1	45	6465,9	273,7
-52	-7809,7	-330,6	-3	-383,3	-16,2	46	6650,8	281,6
-51	-7611,7	-322,2	-2	-253	-10,7	47	6836,3	289,4
-50	-7420,7	-314,1	-1	-127,1	-5,4	48	7029	297,6
-49	-7234,7	-306,3	0	0	0,0	49	7218,9	305,6
-48	-7055,7	-298,7	1	124,2	5,3	50	7407	313,6
-47	-6874,7	-291,0	2	250,2	10,6	51	7597	321,6
-46	-6694,7	-283,4	3	375,3	15,9	52	7801,5	330,3
-45	-6510,7	-275,6	4	514,5	21,8	53	8010,2	339,1
-44	-6327,7	-267,9	5	645,9	27,3	54	8222,6	348,1
-43	-6150,7	-260,4	6	777,7	32,9	55	8437,7	357,2
-42	-5976,7	-253,0	7	912,8	38,6	56	8652,1	366,3
-41	-5804,7	-245,7	8	1041,9	44,1	57	8885,6	376,2
-40	-5638,7	-238,7	9	1170,5	49,6	58	9129,4	386,5
-39	-5478,7	-231,9	10	1300,7	55,1	59	9370,6	396,7
-38	-5318,7	-225,2	11	1432	60,6	60	9611,9	406,9
-37	-5161,7	-218,5	12	1561,6	66,1	61	9855,7	417,2
-36	-5003,7	-211,8	13	1694,1	71,7	62	10117,3	428,3
-35	-4845,7	-205,1	14	1829,5	77,4	63	10395,9	440,1
-34	-4684,7	-198,3	15	1967,2	83,3	64	10678,6	452,1
-33	-4528,7	-191,7	16	2103,5	89,0	65	10973,5	464,5
-32	-4374,7	-185,2	17	2241,7	94,9	66	11282,4	477,6
-31	-4224,7	-178,8	18	2375,5	100,6	67	11598,7	491,0
-30	-4078,7	-172,7	19	2514,2	106,4	68	11911,0	504,2
-29	-3938,7	-166,7	20	2649,1	112,1	69	12266,9	519,3
-28	-3800,7	-160,9	21	2780,9	117,7	70	12644,4	535,3
-27	-3655,7	-154,8	22	2914,4	123,4	71	13037,3	551,9
-26	-3512,7	-148,7	23	3052,8	129,2	72	13440,4	569,0
-25	-3372,7	-142,8	24	3189,5	135,0	73	13855,7	586,6
-24	-3227,7	-136,6	25	3331,4	141,0	74	14301,9	605,4
-23	-3078,7	-130,3	26	3469,4	146,9	75	14796,5	626,4
-22	-2936,7	-124,3	27	3614,6	153,0	76	15327,9	648,9
-21	-2798,7	-118,5	28	3764,9	159,4	77	15888,4	672,6
-20	-2666,7	-112,9	29	3909.0	165,5	78	16499,8	698,5
-19	-2534,7	-107,3	30	4051,4	171,5	79	17156,8	726,3
-18	-2400,7	-101,6	31	4189,6	177,4			

Tabelle 8: Messwerte am 350. Breitengrad

Vergleicht man die Messwerte der Nord- und Südhalbkugel, dann stellt man erstaunt fest, dass die Breiten deutlich differieren, unabhängig davon ob man die kumulierten Werte oder die Zunahme pro Grad betrachtet (vgl. Abb. 33).

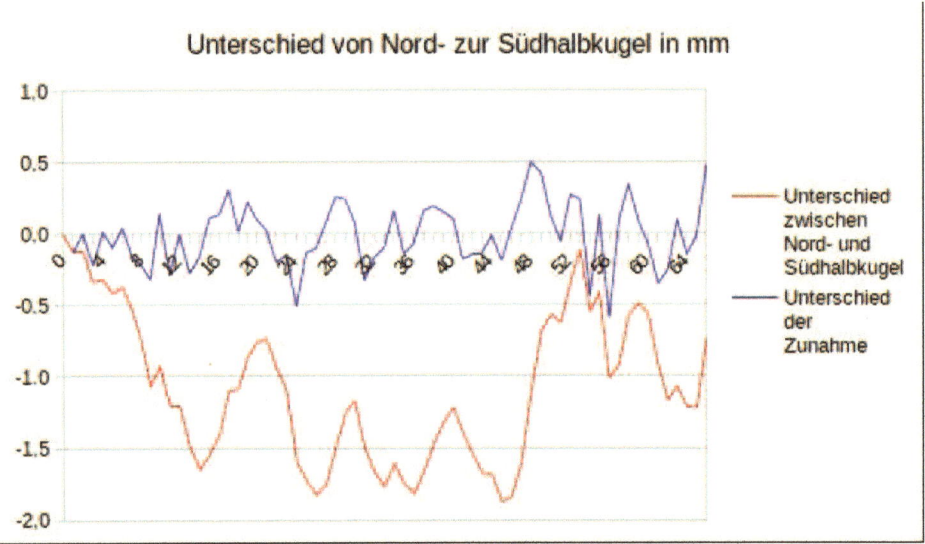

Abb. 33: Unterschiede der Messwerte zwischen der Nord- und Südhalbkugel

Die Unterschiede sind so extrem, dass sie nicht mehr durch Zeichenungenauigkeiten, wie sie beim Einzeichnen berechneter Werte auftreten, zu erklären sind.

Als Zweites wurde die Breitenskala des Organums mit der des 350. Längengrades verglichen. Da beiden Skalen unterschiedliche Kugelradien zugrunde liegen, wurden die Messwerte der einen Skala auf den Kugelradius der anderen umgerechnet. Die Kugelradien wurden aus den zugehörigen Längenskalen ermittelt. Für die Nordhalbkugel ergab sich R = 316,6 mm, für das Organum r = 125,2 mm. Selbst wenn man im günstigen Fall den der Nordhalbkugel auf den des Organums umrechnet, liegen die Abweichungen zwischen -0,2 mm und 1,5 mm, also deutlich außerhalb der durch Zeichenungenauigkeit zu erwartenden (vgl. Abb. 34)

Bei einer Umrechnung auf den Radius der Nordhalbkugel werden diese nochmals um den Faktor R/r = 2,5 größer.
Somit kann man definitiv feststellen, dass die Verwendung von vorberechneten Werten auszuschließen ist.

Wir wenden uns nun der zweiten offenen Frage zu:
Es bleibt zu klären, ob sich diese erheblichen Abweichungen durch die Ermittlung der vergrößerten Breiten mittels geometrischer Verfahren erklären lassen.

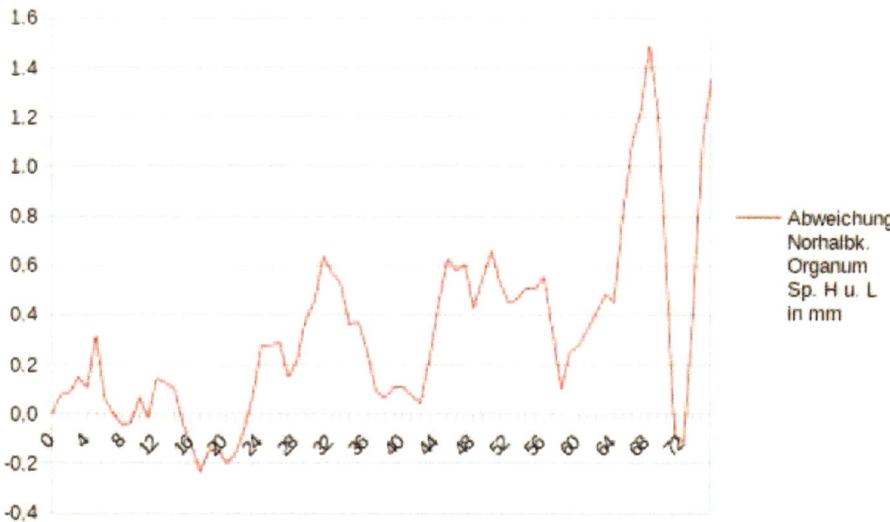

Abb. 34: Vergleich der Breitenskala von Nordhalbkugel (umgerechnet auf Radius des Org.) und Organum

Dazu müssen wir uns die in Frage kommenden geometrischen Verfahren kurz vor Augen führen:

Herrn Dr. h.c. F. W. Krücken kommt zu dem Schluss, dass Mercator hierfür die soge-nannten Mittelbreiten verwendet hat (vgl. z.B. Friedrich Wilhelm Krücken, „Ad Maiorem Gerardi Mercatoris Gloriam V", S. 67). Dies entspricht der roten, senkrechten Strecke kn_u in Abb. 36.

Ich selbst habe seinerzeit zur Ausstellung „VERFOLGT GEÄCHTET UNIVERSAL - GERHARD MERCATOR - EUROPA UND DIE WELT" im Kultur- und Stadthistori-schen Museum Duisburg (1994) eine Konstruktion bevorzugt, die für die Visualisierung mittels Computersimulation (vgl. Abb. 35) besser geeignet war, sich im Ergebnis von der mittels Mittelbreiten nur marginal unterscheidet. Dazu wurde das blaue Kugelviereck in einer zentrischen Streckung so weit heraus gezoomt, dass der untere Endpunkt der Seite (eigentlich der Endpunkt des Bogens) auf dem Äquator-Zylinder liegt.

Da uns nur der Bogen auf dem Längenkreis interessiert, kann die Konstruktion auch in derjenigen Ebene durchgeführt werden, die den in Frage kommenden Längenkreis enthält. Dann ergibt sich bei einem Kugelradius von 1 als Näherung für die vergrößerte Breite der grüne Bogen bz_u in Abb. 36.

Alternativ könnte man das Kugelviereck auch weiter heraus zoomen, so dass die obere bzw. Mitte des Kugelvierecks auf dem Zylinder liegt. Dies ergibt den orangen (bz_o) bzw. blauen Bogen (bz_M) in Abb. 36.

Ähnliches gilt für die Mittelbreiten. Auch in diesem Fall könnte man die Parallelen zur roten Strecke, die den Kreis am Schnittpunkt des oberen Schenkels (grüne gestrichelte Strecke (kn_o)) bzw. in der Mitte (blaue gestrichelte Strecke (kn_M) schneiden.

Bei allen Verfahren geht es um die vergrößerte Breite des Kugelrechtecks, welches von α bis $\alpha + \delta$ reicht. Damit die Konstruktionen überhaupt zu erkennen ist, wurde in Abb. 35 und Abb. 36 ein Winkel von $\delta = 10°$ gewählt, während Mercator mit $\delta = 1°$ gearbeitet hat.

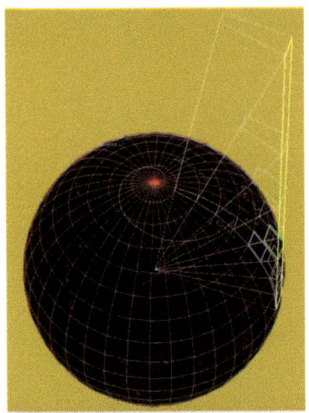

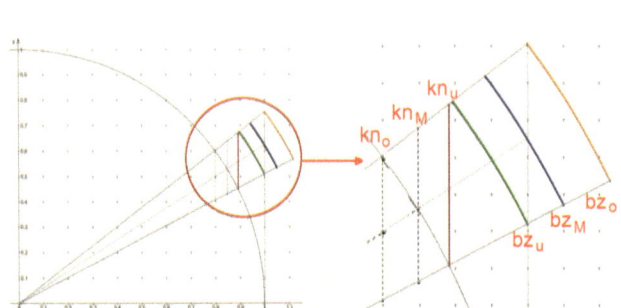

Abb. 36: Konstruktion der vergrößerten Breiten

Abb. 35: Computersimulation vergrößerte Breiten

Da die Länge des Bogens zeichnerisch nicht ermittelbar ist, wird der Bogen durch die entsprechende Sekante ersetzt. Der Unterschied ist bei 1°-Winkeln vernachlässigbar klein.

Um eine Vorstellung von den Unterschieden dieser sechs Verfahren zu untersuchen, wurden die Funktionen der ermittelten Werte dargestellt – jetzt allerdings für $\delta = 1°$ – und mit der exakten Lösung, die sich durch Integration der Secans-Funktion ergibt, verglichen.

Die exakte vergrößerte Breite berechnet man durch Integration der Secans-Funktion:

$$f(\alpha) = \int\limits_{0}^{alpha} \frac{1}{\cos}(\phi)\,d\phi = \ln\left(\tan\left(\pi \cdot \left(\frac{1}{4} + \frac{\alpha}{360}\right)\right)\right)$$

Daraus erhält man als exakte vergrößerte Breite für das Kugelviereck, welches von α bis $\alpha + \delta$ reicht:

$$vergrBreite(\alpha) = f(\alpha + \delta) - f(\alpha).$$

Betrachtet man die Grafen der Funktionen, die die entsprechenden Längen darstellen für $\delta=1°$, so erhält man die Funktionen in Abb. 37.

Es fällt auf, dass für das Intervall [0°;50°] so gut wie keine Unterschiede zwischen den verschiedenen Näherungsverfahren, aber auch zum exakten, durch Integration ermittelten, zu erkennen sind. Um einen genaueren Überblick zu bekommen wurde in Abb. 38 die prozentuale Abweichung zwischen den näherungsweise ermittelten Werten und der exakten, durch Integration bestimmten dargestellt:

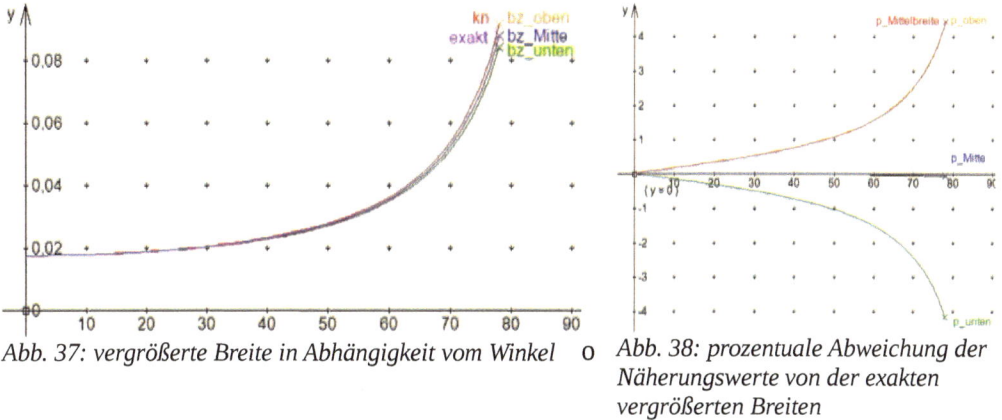

Abb. 37: vergrößerte Breite in Abhängigkeit vom Winkel   Abb. 38: prozentuale Abweichung der
Näherungswerte von der exakten
vergrößerten Breiten

Es zeigt sich, dass diese fast im kompletten Intervall [0°;50°] unter 1% bleibt, erst darüber hinaus steigt sie deutlich und steuert im Randbereich bei fast 80° auf einen Wert von 4% zu.

Für die konstruktiv ermittelte vergrößerte Breite, bei der der Mittelpunkt den Zylinder schneidet (grüne Linie in Abb. 36) und ebenso diejenige, bei der die Mittelbreite den Kreis in der Mitte des Intervalls schneidet (grüne gestrichelte Linie in Abb. 36), ist die maximale Abweichung von den exakt berechneten Werten -0,06% resp. 0,12%.

Es bleibt festzuhalten, dass im Bereich unter 50° kaum ein Unterschied zwischen den verschiedenen, untersuchten geometrischen Verfahren existiert.

Um beurteilen zu können, welche Abweichungen bei zeichnerischen Verfahren zu erwarten sind, müssen wir uns nochmal den Abweichungen der Winkelskala zuwenden, da diese einen entscheidenden Einfluss auf die Genauigkeit der Konstruktionen zur Folge haben.

Im Gegensatz zu jeglicher Form, bei der rein rechnerische Verfahren zur Bestimmung der vergrößerten Breiten in Frage kommen, ist bei geometrischen Verfahren nicht nur beim Eintragen der errechneten Werte mit Abweichungen zu rechnen. (Durch Zeichenungenauigkeiten muss man mit den heute zur Verfügung stehenden Werkzeugen, Zirkel, Winkelmesser usw., maximal 0,2 mm einkalkulieren.)

Es kommen zusätzliche Abweichungen hinzu, da
auch beim Zeichnen der Winkel Abweichungen
entstehen, die einen entscheidenden Einfuß auf das
Ergebnis haben. Die Größe dieser Abweichungen ist
aber von dem Winkel-Intervall abhängig, für das ich
die vergrößerte Breite konstruiere. Je näher ich dem
Bereich der Pole komme, um so größer fällt bei gleich
großem Winkel-Fehler der Fehler bei der zu
bestimmenden vergrößerten Breite aus (siehe Abb.
39).

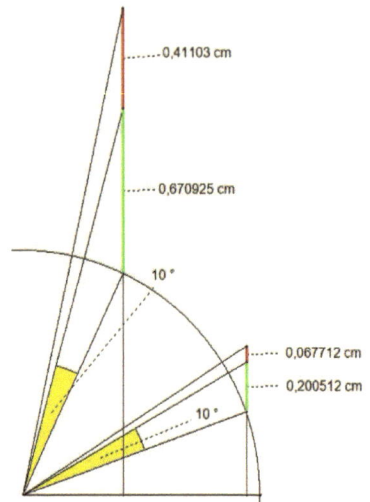

Damit die Unterschiede deutlich werden, wurde statt
des Winkel-Intervalls von 1° wieder ein 10°-Intervall
gezeichnet und als Fehler wurde ein Winkel von 3°
gewählt. Man erhält einen etwa 7,5 mal größeren
Fehler für das Intervall von 65° bis 75° gegenüber
dem Intervall von 20° bis 30°.

Abb. 39: Abhängigkeit des Winkelfehlers von der Lage des Intervall

Bei einem Winkel-Intervall von 1° sieht die Situation
beispielsweise folgendermaßen aus:

Geht man von einem Winkelfehler von 0,01° bis
0,05° aus und vergleicht den Fehler für das Intervall von 0° bis 1° und auf der anderen
Seite das Intervall von 60°-61°, so ist der Konstruktionsfehler bei letzterem mindestens
doppelt so groß, für das Intervall von 78°-79° sogar fast 6 Mal so groß.

Hierbei wurde noch nicht berücksichtigt, dass – wie in Abb. 13 bereits dargestellt –
zumindest in den Grad-Skalen im Organum nicht nur die unvermeidbaren Zeichenungenauigkeiten beim Einzeichnen der Skalenstriche der Winkelskala entstehen, sondern
darüber hinaus noch erheblich größere Ungenauigkeiten durch das Verzeichnen der
Skalenkreise hinzugekommen sind. Daher muss man mit weiteren größeren Feh-
lern/Unterschieden zwischen den Winkeln im unteren Grad-Bereich und denen im
oberen Grad-Bereich rechnen.

Aber der bisher noch nicht diskutierte Gesichtspunkt ist die Abhängigkeit der Konstruktion von dem verwendeten Radius der Erdkugel und damit auch von den Ungenauigkeiten, die Mercator hierbei unterlaufen sind.

Wie ich am Ende von Kapitel 2 bereits feststellte, ist Mercators Zeichengenauigkeit
beim Abtragen äquidistanter Strecken hervorragend. Dabei wurde aber noch nicht untersucht, in wie fern die von Mercator abgetragene Strecke derjenigen entspricht, die
Mercator seiner Konstruktion der vergrößerten Breiten zu Grunde gelegt hat.

Es gibt meines Wissens auch keine Aussage von ihm selbst zum Erdradius, der seiner
Weltkarte als Basis diente. Daher tappen wir in diesem Punkt vollkommen im Dunkeln.
Es steht lediglich die Vermutung von Herrn Dr. h.c. Krücken im Raum, er könne den
Rheinischen Fuß (313.8535 mm) verwendet haben[3].

---

3   F.W. Krücken, Ad maiorem Gerardi Mercatoris gloriam, Bd. I, S.77

Jedoch enthielt Mercators Karte ein weiteres Geheimnis, durch welches sich eine Möglichkeit eröffnete, Mercators Zeichengenauigkeit auf den Grund zu gehen.

Auf der Kugel sind 1°-Spatien auf Großkreisen, wie z.B. die auf dem Äquator, aber auch alle Spatien auf den Meridianen gleich groß. Die Untersuchung der Längengrade am Äquator war Inhalt der Untersuchung von Kapitel 2. Wir vergleichen nun unsere dortigen Ergebnisse mit den Verhältnissen auf dem 350. Breitenkreis. Wir betrachten dazu Abb. 40, in der um den Schnittpunkt der beiden Gradskalen jeweils ein Kreis durch 340° und 347° gezeichnet wurde. Dieser sollte auf den drei anderen Achsenabschnitte an den entsprechenden Skalenstrichen schneiden. Für den durch 340° verlaufenden Kreis wurden die entsprechenden Stellen vergrößert in den blauen Quadraten dargestellt.

Zwar hat Mercator die Breitenabschnitte vergrößert, nichtsdestotrotz sollten die äquatornahen Abschnitte auf seiner Karte, selbst wenn man annimmt, dass er eine ungünstige Konstruktionsmethode (vgl. die von mir untersuchten 6 Methoden, wie sie in Abb. 36 dargestellt wurden) verwendet hat, sich kaum von denen des Äquators unterscheiden. Beschränkt man sich auf das Breiten-Intervall von 0° bis 10°, liegt die Vergrößerung der Breiten je nach Methode zwischen 0,44% bis 0,77%. Bezogen auf die ermittelten Maße der Äquator-Spatien von 55,26 mm für 10° ergibt dies eine Vergrößerung von 0,24 mm bis maximal 0,43 mm.

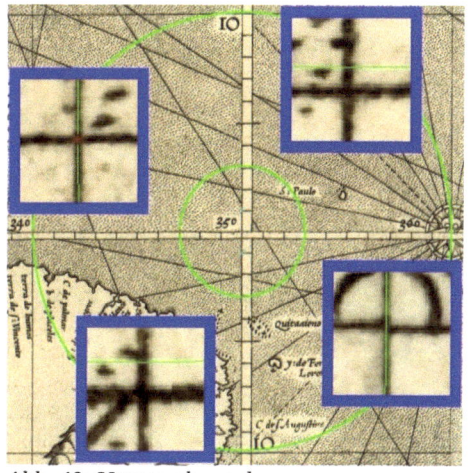

Abb. 40: Untersuchung der Zeichengenauigkeit an Hand des Äquator-Meridans und des 350. Längenkreises

Wie man deutlich sieht, trifft der Kreis den 350. Breitengrad oberhalb von 10° aber auch oberhalb von -10°. Dies bedeutet, die Länge der ersten 10° auf der Nordseite sind verglichen mit der am Äquator zu klein geraten, auf der Südhalbkugel jedoch zu groß.

Als Ergänzung sind in Abb. 41 die Schwankungen dargestellt, die Mercators vergrößerten Breiten im Vergleich zu einer Ausgleichskurve ergeben. Wie man erkennt, erreichen nur einige der Messwerte überhaupt die Breite der Äquator-Spatien von 5,526 mm.

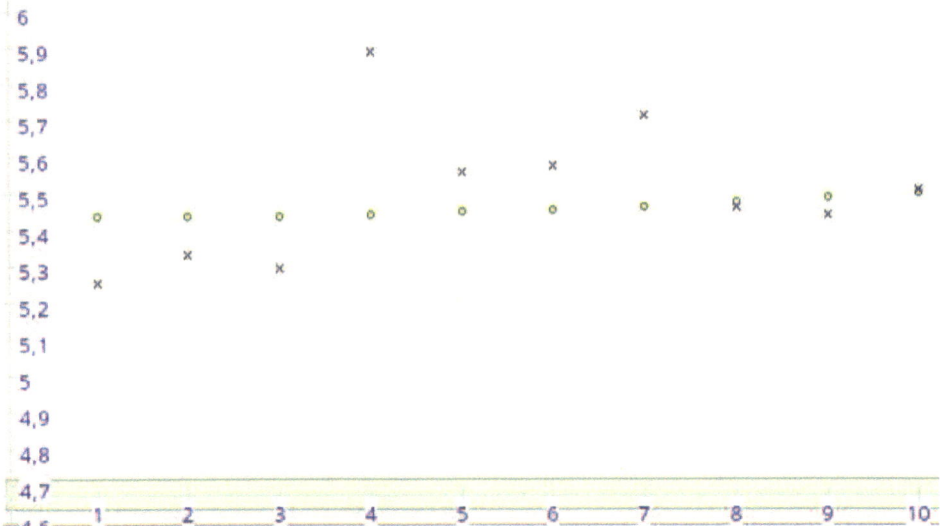

Abb. 41: gemessene vergrößerten Breiten (350. Längengrad) im Vergleich eine Ausgleichskurve

Dies wirft zwingend die Frage auf, ob Mercator als Basis für seine Konstruktion den am Äquator gefundenen Wert von $r = 55,26 * 36/(2 \cdot \pi) mm = 316,62\,mm$ oder eher einen etwas niedrigeren Wert gewählt hat.

Hierbei ist zu bedenken, dass Mercator nicht den Kugelradius selbst, sondern ein 360-zigstel des Umfangs als Abstand der Skalenstriche verwendet hat. Obwohl diese nur geringfügig auf dem kompletten Äquator schwanken, müssen wir trotzdem davon ausgehen, dass auch dieser Abstand den üblichen Zeichenungenauigkeiten unterliegt. Somit muss man als 1° Breite einen Wert von 5,525±0,2 mm einkalkulieren. Daraus resultiert dann ein Kugelradius von

$$r = (5,526 \pm 0,2) \cdot 360/(2 \cdot \pi) mm = 316,616 \pm 11,459\,mm.$$

Dies ergibt einen Kugelradius, der zwischen 305,2 mm und 328,1 mm liegen könnte, wenn Mercators Fehler beim Übertragen der Skalenstriche maximal 0,2 mm groß war.

Die Frage nach der genauen Größe des von Mercator verwendeten Kugelradius muss letztlich unbeantwortet bleiben, jedoch spricht nach diesen Erkenntnissen auch nichts gegen die von Herr Dr. h.c. F.W. Krücken schon erstmalig 1992 geäußerte Vermutung, dass der *Rheinische Fuß* Mercators Grundlage war.

Somit muss man als Resümee der bisherigen Untersuchungen folgendes feststellen:

- Die vergrößerten Breiten können auf keinen Fall rechnerisch ermittelt worden sein.
- Bei der mehrstufigen Konstruktion müssen wir in Erwägung ziehen, dass Mercator Fehler durch

○ die ungenaue Übernahme des Radius (respektive der des 1°-Spatiums, welches Mercator u.U. auch direkt von einem seiner Erdgloben abgegriffen haben könnte).
○ die ungenauen Kreisbögen seiner Winkelskala
○ die Zeichenungenauigkeiten bei der Skaleneinteilung der Winkelskala
○ die Zeichenungenauigkeiten bei der eigentlichen Konstruktion und die Ungenauigkeiten bei der Übertragung des Konstruktionsergebnisses in die Karte produziert hat.

Um die verschiedenen Effekten besser beurteilen zu können, habe ich diese Effekte durch ein Computerprogramm simuliert. Ausgangspunkt war jeweils die exakte Berechnung mit der oben dargestellten Methode der Mittelbreiten, als Radius wurde der *Rheinische Fuß* gewählt. Dargestellt wird jeweils die Abweichung von denen der exakten Konstruktion in mm:

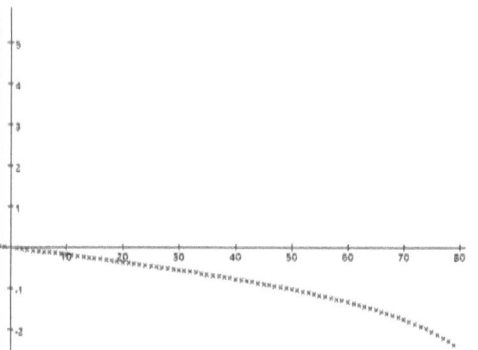

Abb. 42: Fehler durch einen um 1 cm zu großen Radius

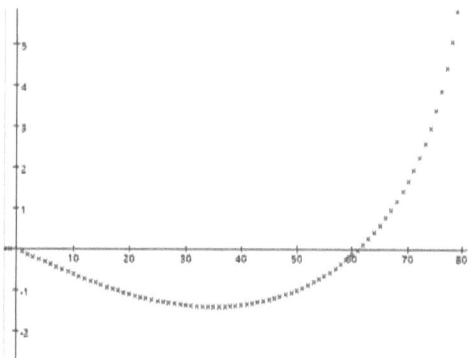

Abb. 43: Fehler durch nicht exakt gezeichnete Kreise im Organum

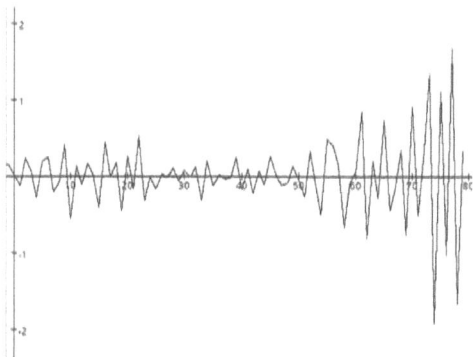

Abb. 44: Fehler durch ungenau gezeichnete Winkel

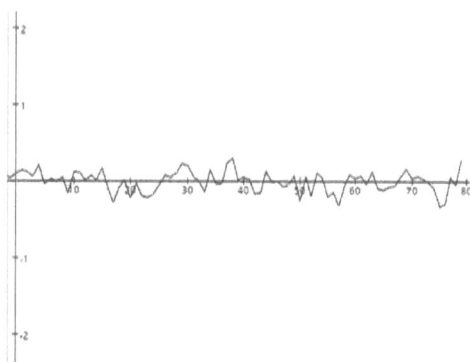

Abb. 45: Fehler durch Ungenauigkeiten bei der Konstruktion und beim Zeichnen

Ein paar Anmerkungen zu den einzelnen Fehlern:

Sowohl in Abb. 42 als auch in Abb. 43 wurden jeweils die kumulierten Werte betrachtet. Der in Abb. 42 eingezeichnete Fehler muss nicht unbedingt beim Messen/Zeichnen des Radius selbst entstanden sein, er kann auch durch die Ermittlung des 1°-Spatiums, welches direkt vom Radius abhängt, zu Stande kommen, denn dies erhält man durch 1°-Spatium $= 2\pi r/360$, wobei offen bleibt, ob Mercator dies (mit einem Näherungswert für π) rechnerisch ermittelt hat oder vielleicht an seinem Erdglobus nachgemessen hat.
Ein Fehler von 1 cm beim Radius hat zur Folge, dass das 1°-Spatium um 0,175 mm ungenau wird aber auch umgekehrt, dass ein um 0,175 mm ungenau eingezeichnetes 1°-Spatium rückwärts gerechnet einen Radius ergibt, der um 1 cm von dem von Mercator zugrunde gelegten abweicht.

In Abb. 43 geht es um Fehler, die in Kapitel 4 untersucht wurden, insbesondere um diejenigen, die dadurch zu Stande kommen, dass Mercator die Kreise der beiden Winkelskalen nicht exakt gezeichnet hat. Diese sind in Abb. 17 als grüne Linie dargestellt worden. Hier wurde eine der beiden möglichen eingesetzt. Für beiden Skalen muss man noch eine als weitere Variante in Erwägung ziehen, dass Mercator beim Konstruieren der vergrößerten Breiten die Winkelskalen eventuell auch gegenläufig verwendet haben könnte.

Die Winkelfehler in Abb. 44 ebenso wie die der Fehler in Abb. 45 wurden durch eine gauß-verteilte Zufallsfunktion simuliert. Die Standardabweichung wurde so gewählt, dass die Schwankungen in etwa den Schwankungen der gemessenen Werte entsprechen (für die Winkelfunktion vgl. Abb. 16), für die Winkelfehler nicht so groß sind wie bei Mess- und Übertragungsfehlern.
Trotzdem sind die Schwankungen bei den vergrößerten Breiten größer bei den Winkelfehlern.
Zudem kann man in Abb. 44 sehr deutlich erkennen, dass die Schwankungen deutlich steigen, je weiter man sich dem Pol nähert. Dies Verhalten ist genau so bei den in der Karte gemessenen vergrößerten Breiten zu erkennen; hierfür gibt es nur eine einzige Erklärung:
Mercator hat keine Winkelfunktionen verwendet, sondern alle Schritte konstruktiv gelöst, denn bei Berechnungen sind alle Winkel exakt vorgegeben, also findet auch keine Fehlerfortpflanzung in die vergrößerten Breiten hinein statt.

Die Crux ist, dass es im Nachhinein nicht mehr möglich ist, festzustellen,
- ob und um wie viel die einzelnen von Mercator eingezeichneten Skalenstriche der vergrößerten Breiten von den exakten, geplanten Werten abweichen
- welche Ursache zu einer Abweichung geführt hat

Wir können weder aus der Längenskala noch aus der Breitenskala des 350°-Meridians den genauen, von Mercator ursprünglich zu Grunde liegenden Erdradius zurückgewinnen.

Wie oben bereits festgestellt, ist noch nicht einmal sicher gestellt, ob Mercator für das Zeichnen seiner Karte die Breite eines 1°-Spatiums überhaupt neu ermittelt hat.

Aus meiner Sicht ist es sogar wahrscheinlich, dass er diese Breite einfach mit einem Stechzirkel an einem seiner Erdgloben abgegriffen hat (vgl. Abb. 46 aus der Wikimedia)[4].

In jedem Fall ist diese Breite bereits mit den Fehlern behaftet, die beim Ermitteln des 360. Teils des Erdumfangs unvermeidlich sind, hinzu kommen dann noch die Fehler, die entstehen, wenn diese Breite auf die Karte und ebenso in die Konstruktionszeichnungen zur Bestimmung der vergrößerten Breiten übertragen wird. Unter diesem Aspekt ist die oben angesetzte Ungenauigkeit von 0,2 mm eher zu klein angesetzt.

Abb. 46: Gerhard Mercator

Genauso wenig kann man nachweisen, ob Mercator eventuell einen Vorabdruck des Organums verwendet hat, also eine oder beide dieser (ungenauen) Grad-Skalen (siehe Abb. 30) verwendet hat, um seine Konstruktion der vergrößerten Breiten durchzuführen oder eine oder auch mehrere weitere neu gezeichnet hat, so dass im Unklaren bleibt, ob auch hierbei ähnliche Zeichenfehler aufgetreten sind. Gleiches gilt genau so für die Varianten der Konstruktions-Methoden, welche oben in Abb. 36 dargestellt wurden.

6. Untersuchung möglicher Konstruktionsverfahren

Nach dem soeben Gesagten muss die Frage nach dem genauen Konstruktionsverfahren offen bleiben; durch die verschiedenen Mess- und Zeichenungenauigkeiten sind hierüber keine endgültigen Aussagen möglich.

Es soll aber trotzdem noch ein Versuch unternommen werden, in Frage kommende Varianten ein wenig einzugrenzen.

Dazu habe ich die vorliegenden Messdaten in dreifacher Hinsicht ausgewertet:

A Lineare Regression des Quotienten aus Messdaten und rechnerisch ermittelten Daten

B Minimierung der Abweichungen

C Vorgabe des Kugelradius durch den Rheinischen Fuß

Die Berechnung wurde von mehreren Parametern beeinflusst. Diese legten fest:

_____

4   Quelle: https://commons.wikimedia.org/wiki/File:Gerardus_Mercator_3.jpg

- welche der 6 in Kapitel vorgestellten Konstruktions-Methoden verwendet wird
- welche der 12 Varianten von Winkelfehlern in die Berechnung einfließen

Ich beschreibe diese drei Verfahren nun genauer:

Beim **Verfahren A** wurden die Berechnungen für einen Radius von r=1 durchgeführt.
Falls die Konstruktion ohne Mess- und Zeichenfehler Mercators erfolgt wäre, ergäbe der Quotient aus gemessenem Wert und berechnetem Wert immer genau den Kugelradius.
Führt man nun eine lineare Regression über diese Quotienten durch, sollten dies eine Gerade mit Steigung 0 und Ordinatenabschnitt r ergeben. Je näher das Ergebnis der Steigung 0 kommt, um so mehr spricht es dafür, dass Mercator dieses Verfahren verwendet haben könnte.
Da die Messwerte in größerer Entfernung vom Äquator durch den oben geschilderten, größeren Einfluss des Winkelfehlers stärker streuten, wurde auch eine Variante durchgerechnet, bei der die äquatornahen Messwerte stärker gewichtet wurden. Der gefundene Wert n wurde dann als Radius verwendet und dazu wurden die Abweichungen bestimmt.

Für die **Verfahren A, B und C** musste ein Maß für die Beurteilung der Güte ermittelt werden.
Analog zur Standardabweichung werden die Abweichungen quadriert, damit größere Abweichungen stärker gewichtet einfließen. Je nach Variante wurde die Untersuchung für einen bestimmten Bereich durchgeführt.
Um beispielsweise den gesamten Bereich von 56° bis 79° zu untersuchen, wurde das Maß der Abweichung berechnet durch

$$A = \sqrt{\frac{\sum_{i=56, i \neq 0}^{79} (m_i - t_i)^2}{150}}$$

Beim **Verfahren B** wurde in einer Intervallschachtelung der Radius, der der Berechnung zu Grunde lag, so lange variiert, bis die Abweichung der Messwerte von den berechneten Werten minimiert worden ist.

Beim **Verfahren C** wurde der Kugelradius, der der Berechnung zu Grunde lag, auf *1 rheinischer Fuß* festgelegt und dann die Abweichung der Messwerte von den berechneten Werten kalkuliert.

Durch die Variation der verschiedenen Parameter ergaben sich für Verfahren A 316 Varianten, bei Verfahren B 158 und bei Verfahren C 79.

Bei der Auswertung wurde für jedes dieser Verfahren festgestellt, für welche Parameter die besten Ergebnisse geliefert werden.

Die besten Ergebnisse für die 3 Verfahren zeigt Tabelle 9.
Es wurden jeweils die besten Ergebnisse bzgl. der Werte von m (möglichst nahe bei Null), Sigma und der Differenz aus maximaler und minimaler Abweichung (Spannweite) bestimmt.
Es fällt als erstes auf, dass eine Variante, die bei einem Kriterium auf Platz 1 landet, nicht unbedingt bei den anderen beiden auch auf den vorderen Rängen liegt.

Die Rangfolge wurde dabei immer innerhalb einer bestimmten Rubrik gebildet.

Die Rubriken kamen dadurch zu Stande, dass
- die Berechnung einerseits getrennt für die Breitenskala auf der Nord- und Südhalbkugel sowie die des Organums durchgeführt wurden
- das Intervall, für welches die Regression bzw. die Approximation durchgeführt wurden zum einem den gesamten Bereich abdeckten bzw. alternativ nur den Bereich, welcher durch den größeren Kartenstreifen bestimmt war. Dies ist auf der Nordhalbkugel der Bereich von 0° bis 55°, auf der Südhalbkugel der Bereich von -66° bis 17°.
- Beim Organum, welches ja komplett auf einem Kartenstreifen liegt, wurde der gleiche Bereich verwendet, der auch auf der Nordhalbkugel zum Einsatz kam.

Bereich	Verfahren	gewichtet	Methode	WinkelSkala Süd	WinkelSkala Nord	Winkelrichtung	Appr/Regr von	Appr/Regr bis	Radius	m	n	Sigma	Abw. Minimum	Abw. Maximum	max_min	Platz m	Platz sigma	Platz_max_min
Nord	A	nein	kn_o		7		0	55	1,0	-0,0010	310,6	0,5998	-0,4571	2,3815	2,8386	1		127
Nord	A	nein	bz_o		2	rück	0	55	1,0	-0,1914	314,8	0,3171	-1,1664	0,3878	1,5542	94	1	
Nord	B	-	kn_u		8		0	55	311,1			0,2719	-1,0689	0,4690	1,5379		1	1
Nord	A	ja	kn_u		8		0	79	1,0	-0,0378	312,2	0,2808	-1,1201	0,4495	1,5696	24		1
Nord	A	ja	bz_o		2	vor	0	79	1,0	-0,0024	306,7	0,2815	-1,0255	0,6587	1,6843	1		21
Nord	B	-	kn_u		9		0	79	301,0			0,2605	-0,9470	0,5790	1,5260		1	4
Nord	B	-	bz_o		4	rück	0	79	304,4			0,2634	-0,9506	0,5677	1,5184		4	1
Nord	C	-	kn_u		7		0	79	313,9			0,3220	-1,1885	0,3429	1,5314		11	1
Nord	C	-	bz_M		10		0	79	313,9			0,2879	-1,0827	0,5156	1,5983		1	5
Süd	A	ja	kn_o	-8			-66	-17	1,0	0,0215	314,9	0,2117	-0,4167	0,4840	0,9007	19		1
Süd	A	ja	kn_o	-2		vor	-66	-17	1,0	-0,0002	311,6	0,3521	-1,0171	0,8096	1,8267	1		120
Süd	B	-	kn_o	-8			-66	-17	313,8			0,2135	-0,4467	0,4570	0,9037		6	1
Süd	B	-	kn_o	-7			-66	-17	311,2			0,2087	-0,4739	0,4541	0,9280		1	14
Süd	A	nein	bz_u	-8			-66	0	1,0	0,1074	317,3	0,2314	-0,3299	0,5886	0,9185	18		1
Süd	A	ja	kn_o	-7			-66	0	1,0	0,0042	312,0	0,2079	-0,4501	0,4755	0,9257	1		7
Süd	B	-	kn_o	-8			-66	0	314,9			0,2117	-0,4145	0,4859	0,9005		5	1
Süd	B	-	kn_o	-7			-66	0	311,9			0,2079	-0,4523	0,4736	0,9259		1	7
Süd	C	-	kn_o	-8			-66	0	313,9			0,2133	-0,4453	0,4583	0,9036		5	1
Süd	C	-	bz_u	-1		rück	-66	0	313,9			0,2118	-0,4279	0,5028	0,9307		1	4
Org	A	ja	kn_o		1	vor	0	55	1,0	-0,0005	123,9	0,2268	-0,3970	1,1652	1,5622	1		153
Org	A	ja	kn_M		5	rück	0	55	1,0	-0,1189	127,4	0,2504	-0,7182	0,2688	0,9870	151		1
Org	B	-	kn_u		5	rück	0	55	122,5			0,2142	-0,6121	0,3425	0,9546		63	1
Org	B	-	bz_o		5	rück	0	55	122,1			0,1709	-0,6624	0,4074	1,0698		1	7
Org	A	nein	kn_M		5	rück	0	75	1,0	-0,0710	126,1	0,2305	-0,6519	0,3542	1,0060	124		1
Org	A	ja	kn_M		4	vor	0	75	1,0	0,0033	122,0	0,2128	-0,5275	0,6510	1,1785	1		76
Org	B	-	kn_u		5	rück	0	75	120,7			0,2076	-0,5225	0,4588	0,9813		62	1
Org	B	-	bz_o		5	rück	0	75	121,2			0,1688	-0,6154	0,4631	1,0785		1	5
Org	C	-	bz_o		9		0	75	104,6			0,4970	0,0000	1,4178	1,4178		1	1

Tabelle 9: Die jeweils besten Ergebnisse innerhalb einer Rubrik

Beim Verfahren A kamen doppelt so viele Varianten zu Stande, da die Regression hierbei zum einen ungewichtet erfolgte, zum anderen wurden die Gradbereiche um so stärker gewichtet, je näher sie am Äquator liegen, damit die Abweichungen, die konstruktionsbedingt stärker ausfallen (vgl. Abb. 44) nicht so stark ins Gewicht fallen.

Verfahren	Bereich	Inter-vall	Zahl an Varianten
Verfahren A	Nordhalbku-gel	[0;55]	158
Verfahren A	Nordhalbku-gel	[0;79]	158
Verfahren A	Südhalbku-gel	[-66;17]	158
Verfahren A	Südhalbku-gel	[-66;0]	158
Verfahren A	Organum	[0;55]	158
Verfahren A	Organum	[0;75]	158
Verfahren B	Nordhalbku-gel	[0;55]	79
Verfahren B	Nordhalbku-gel	[0;79]	79
Verfahren B	Südhalbku-gel	[0;55]	79
Verfahren B	Südhalbku-gel	[0;79]	79
Verfahren B	Organum	[0;55]	79
Verfahren B	Organum	[0;75]	79
Verfahren C	Nordhalbku-gel	[0;79]	79
Verfahren C	Südhalbku-gel	[0;79]	79
Verfahren C	Organum	[0;75]	79

Tabelle 10: Zahl der Varianten

So ergaben sich insgesamt 1659 Varianten.

Der Vollständigkeit halber sind bei den im Folgenden dargestellten Varianten im oberen Teil die Grafen der kumulierten Werte dargestellt, in der unteren Hälfte die der für uns interessanten, gradweise ermittelten Werte.

Links sind jeweils der Graf mit der konstruktiven Variante als durchgezogene Linie, die Messwerte aus der Karte hingegen als Kreuze dargestellt.

Rechts sieht man die Differenz aus den Messwerten und den konstruktiv ermittelten Werten.

Damit kein Missverständnis aufkommt: Letztere wurden natürlich rechnerisch bestimmt, denn ansonsten kämen ja weitere, nicht gewollte Fehler durch Zeichenungenauigkeiten hinzu. Bei der Berechnung wurden aber nur die Konstruktionen exakt ausgerechnet, die Mercator zur Verfügung standen.

Diese Möglichkeit stand Mercator natürlich nicht zur Verfügung, im Gegenteil, er musste die Konstruktion mit Hilfe seiner Geometriekenntnisse mit Zirkel und Lineal meistern.

Diese Kenntnisse legt er in seinem Brief vom 3.März 1581 an den Prediger Wolfgang Haller aus Zürich offen: Seine Geometriekenntnisse verdankt er den Elementen des Euklids; somit scheidet – wie meine Untersuchungen in Kapitel 4 ja bereits aufzeigten – jede rechnerische Ermittlung definitiv aus.

Ob er die Konstruktionen dabei direkt in der Original-Größe oder evtl. verkleinert ausgeführt hat und dann u.U. mit einem Pantographen auf die endgültige Größe gebracht hat, bleibt ebenso im Dunkeln.

Wir wenden uns nun zuerst den beiden grün markierten Varianten in Tabelle 9 zu. Diese stechen dadurch hervor, dass sie sogar in der Gesamtwertung aller Varianten den 1. Platz belegen.

Schauen wir uns deshalb diese beiden als Erstes genauer an:

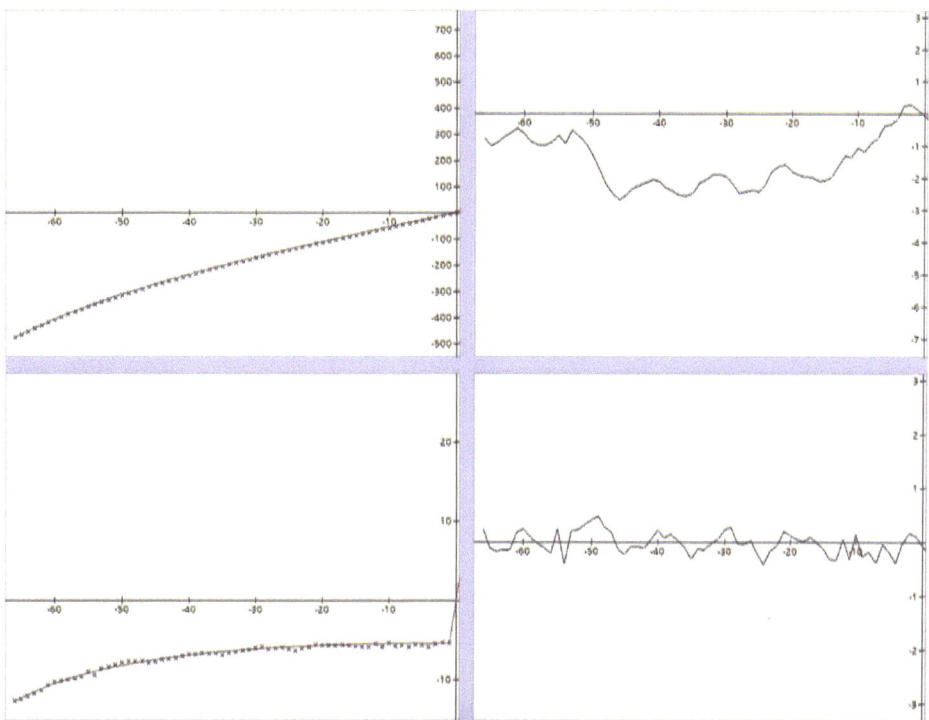

Abb. 47: Variante mit der geringsten Schwankungsbreite

Dies ist diejenige Variante, die für den untersuchten Bereich (hier der Bereich der Südhalbkugel, der durch die untere Druckplatte abgedeckt wird, das Intervall [-66°;-17°]) die geringste Spanne an Abweichungen aufweist.

Die kleinste Abweichung nach unten beträgt -0,41 mm, die größte Abweichung nach oben 0,49 mm, also erhält man insgesamt nur eine Spanne von 0,90 mm. Das Ergebnis wurde durch die Methode kn_o (vgl. Abb. 36) erzielt, also durch die Mittelbreiten-Methode, bei der der Ansatz am oberen Winkel-Rand erfolgte.

Dadurch, dass die negativen 1°-Abweichungen im Intervall [-45°;0°] überwiegen, sinken die kumulierten von 0° bis -45° fast bis auf -2,7, die Messwerte liegen also fast vollständig unter den konstruktiven.

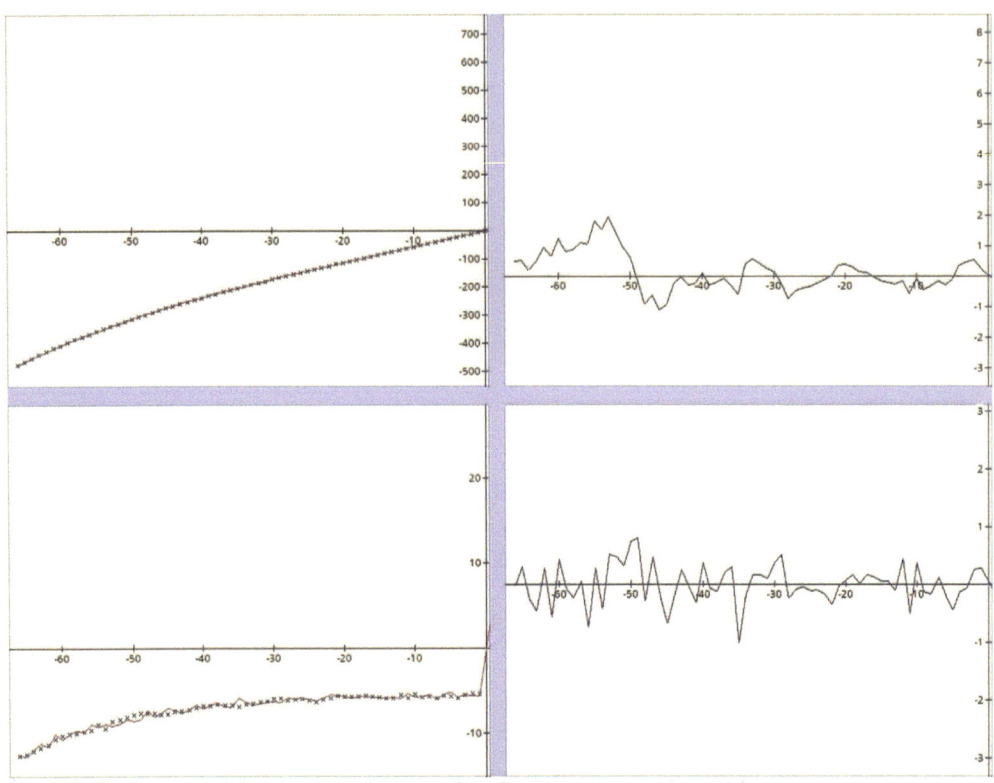

Abb. 48: Variante, welches beim Verfahren A fast die Steigung m= 0 erreichte

Auch diese Variante gehört zum gleichen Intervall auf der Südhalbkugel. Es kam die Methode kn_o zur Anwendung. Die Schwankungsbreite ist etwa doppelt so groß wie bei der ersten Variante. Die minimale Abweichung beträgt -1,0171 mm, die maximale 0,8096 mm, so dass sich eine gesamte Breite von 1,8267 mm ergibt.

Da die Abweichungen in etwa gleichverteilt im Positiven und Negativen liegen, bleiben die Abweichung auch bei den kumulierten Werten relativ klein.

Wir betrachten nun nur noch die Abweichungen der 1°-Abstände, also das untere rechte der vier Diagramme in den beiden letzten Abbildungen, denn die Fehler bei den kumulierten Grafen ergaben sich wie gerade erläutert schlicht durch das Aufsummieren der gradweise ermittelten Abstände.

Ebenso wird auf die Wiedergabe des Diagramms mit den gradweisen ermittelten Werten (das Diagramm links unten) verzichtet.

Im folgenden Bild sind jeweils drei Diagramme zur Nordhalbkugel (obere Reihe), drei zur Südhalbkugel (mittlere Reihe) und drei zum Organum abgebildet:

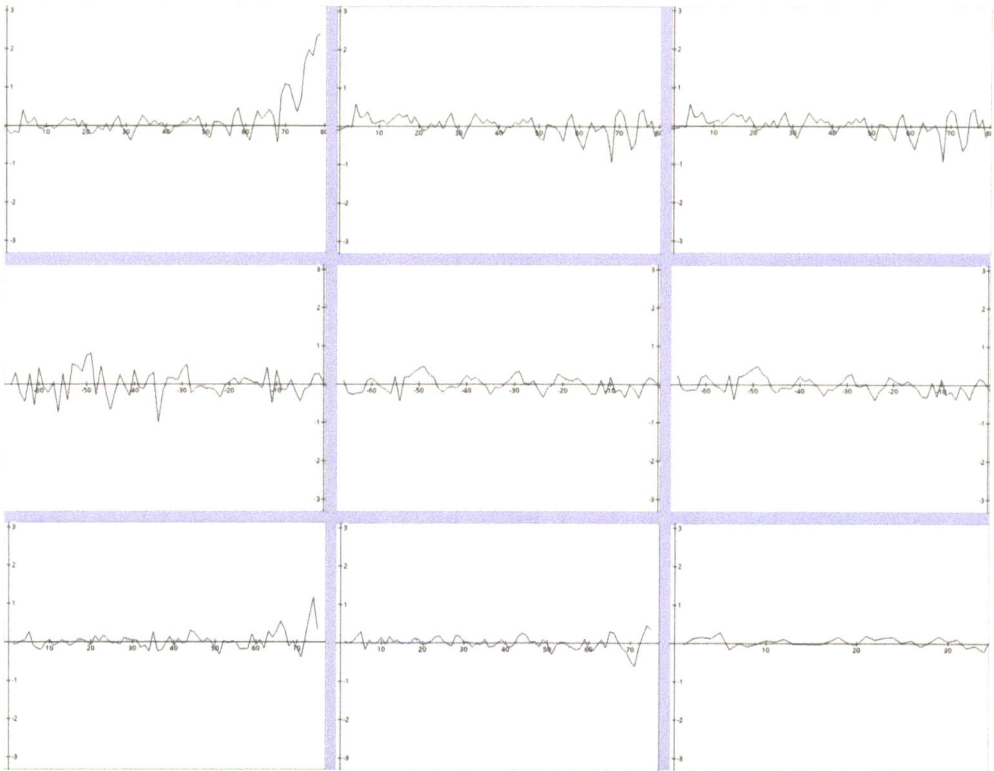

Abb. 49:9 Abweichungs-Diagramme von Varianten der Nord-, Südhalbkugel, und des Organum

Bei den linken Diagrammen (1, 4 und 7) wurde Verfahren A, bei den mittleren (2, 5 und 8) Verfahren B und bei den rechten (3, 6 und 9) Verfahren C angewendet.

Erwartungsgemäß fallen Ergebnisse auf der Nordhalbkugel nicht so gering aus, da wir hier dem Pol 12° näher kommen als auf der Südhalbkugel. Die Schwankungsbreite nimmt erwartungsgemäß zu den Polen hin deutlich zu.

Nicht ganz so stark ist dies auch im Organum zu beobachten. Hier könnte eine Ursache darin liegen, dass das komplette Organum auf einer einzigen Druckplatte liegt, während die Skalen der Nord- und Südhalbkugel sich jeweils über 2 Druckplatten erstrecken.

Es fällt auf, dass der Verlauf der drei zur selben Region gehörenden Diagramme eine gewisse Ähnlichkeit aufweisen, denn die eigentlichen Schwankungen von Grad zu Grad werden zum Großteil durch die Messwerte bestimmt. Eine weitere Verschiebung kommt nur bei den Varianten ins Spiel, bei denen Mercators Winkelskala aus dem Organum verwendet wurde (Winkelskalen 1, 2, 4 und 5).

Durch die konkrete Variante wird ansonsten nur eine Verschiebung des Abweichungs-Graphen nach oben oder unten erreicht, dabei kann die Verschiebung natürlich von links nach rechts allmählich zu- oder abnehmen.

Dies sieht man besonders deutlich bei Diagramm 1. Bei diesem Diagramm wurde bei der Optimierung nur der Bereich einer Druckplatte (0° bis 55°) in der Optimierung berücksichtigt.

Bei den Diagrammen 1,4,5,6 und 7 kam die Methode kn_u, bei den Diagrammen 2 und 9 die Methode kn_u und bei den Diagrammen 3 und 8 die Methode bz_o zum Einsatz.

Insgesamt belegte die Mittelbreiten-Methoden zwei Drittel, die Zylinder-Methode ein Drittel der ersten Plätze.

Betrachtet man nicht nur den ersten Platz, sondern die ersten 20 Plätze, so führten die Methoden mit folgender Häufigkeit zu der entsprechenden Platzierung:

	Mittelbreiten-Methode	Zylinder-Methode
Verfahren A	58 %	42%
Verfahren B	32 %	68%
Verfahren C	34 %	66 %

Tabelle 11: Prozentuale Häufigkeiten der Methoden

Auf Grund der im Kapitel 5 untersuchten Unterschiede dieser sechs Methoden (vgl. z.B. Abb. 38) sind kaum Unterschiede zwischen den Methoden kn_o und bz_u, den Methoden kn_M und bz_M und bz_o und kn_u zu erwarten; die maximale Abweichung bei 70° beträgt 0,2 % zwischen den Methoden bz_M und kn_M, bei den anderen beiden liegt er sogar unter 0,01 %. Daher können beide Varianten als gleichwertig angesehen werden.

Betrachtet man nur die 24 Varianten, die es beim Verfahren A oder B auf den ersten Platz innerhalb ihrer Rubrik gebracht haben (bei Verfahren C war der Radius ja vorgegeben), so sieht man, dass eine beträchtliche Schwankungsbreite des Radius durch die verschiedenen Varianten denkbar ist:

	350. Längengrad	Organum
Verfahren A	306,7 mm – 314,9 mm	122,0 mm – 127,4 mm
Verfahren B	301,0 mm – 314,9 mm	122,0 mm – 127,4 mm

Tabelle 12: Schwankungsbreite der Radien der bestplatzierten Verfahren

Bildet man über alle Varianten eines Verfahrens Durchschnittswerte für den Radius bzw. die Breite des 1°-Abschnitts der Längenskala und die mittlere Abweichung, so erhält man (ohne die Werte des Organums) das folgende Ergebnis:

	Verfahren A	**Verfahren B**	**Verfahren C**
Radius	314,1 mm	309,0 mm	313,9 mm (vorgeg.)
1°-Breite	5,48 mm	5,39 mm	5,48 mm (vorgeg.)
Sigma	0,4067 mm	0,3244 mm	0,3705 mm

Tabelle 13: Durchschnittlicher Radius und durchschnittliche Abweichung

Hierbei fällt auf, dass beim Verfahren C die durchschnittliche Abweichung noch besser ist als bei Verfahren A, obwohl bei Ersterem keine weiteren Optimierungsmethoden zur Anwendung kamen.

Damit muss man die Vermutung von Herrn Dr. h.c. Krücken, Mercator habe den *Rheinischen Fuß* gewählt, weiterhin in Erwägung ziehen.

7. Resümee

Zusammenfassend kann Folgendes konstatiert werden:

1. Es liegen keine nennenswerten Deformationen der eingescannten Bilder des Baseler Exemplars von Mercators Weltkarte *Ad Usum Navigantium* vor.
2. Kreise, die Mercator gezeichnet hat, sind – so weit untersucht – aus mehreren Kreisbögen zusammengesetzt, deren Mittelpunkte und Radien differieren. Die Skalenstriche der Winkelskalen sind nicht äquidistant. Dadurch gibt es zumindest bei den untersuchten Winkelskalen Abweichungen, die über 0,5° groß ausfallen.
3. Es konnte unzweifelhaft nachgewiesen werden, dass Mercator die vergrößerten Breiten konstruktiv ermittelt haben muss, da die Schwankungen der Abweichungen zu den Polen hin extrem zunehmen. Dies kann nur durch die Ungenauigkeiten bei der Konstruktion der Winkelskalen erklärt werden, denn die dort festzustellenden Schwankungen potenzieren sich bei der Konstruktion der vergrößerten Breiten, je größer der Winkel wird. Bei einer rechnerischen Ermittlung werden hingegen exakte Werte für die Winkel vorgegeben. Sollte man in Erwägung ziehen, dass Mercator unter Umständen Tafeln mit entsprechenden Werten verwendet hat, die zur damaligen Zeit mit Rechenfehlern behaftet gewesen sein könnten, wobei diese Rechenfehler dann für größere Werte unterschiedlich groß ausgefallen sein könnten, dann erklärt dies auf keinen Fall die Asymmetrie der vergrößerten Breiten zwischen der Nord- und Süd-Halbkugel.

   Somit können Behauptungen wie die von Gaspar und Leitão, Mercator hätte eine Rhumbentafel verwendet, ausgeschlossen werden.
4. Die Frage, wie Mercator zur Ermittlung der vergrößerten Breiten vorgegangen ist, hat er selbst in seiner lateinischen Legende *inspectori salutem* bereits in wesentlichen Teilen dargelegt.

   Dies wurde von Herrn Dr. h.c. Krücken im Band I seines Werks *Ad majorem Gerardi Mercatoris gloriam* bereits ausführlich dargelegt:

Die Breiten der Kugelvierecke müssen auf die Breite des Äquator-Vierecks gebracht werden. Damit die Winkel erhalten bleiben, müssen dann aber auch die Höhen der Vierecke in gleichem Maße vergrößert werden.

5. Da die Vierecke aber keine einheitliche Breite haben, bleibt eine Frage unbeantwortet:

An welcher Stelle ist die Breite zu messen. Soll man die untere Breite, die obere Breite, die Breite genau in der Mitte oder etwa den Mittelwert aus oberer und unterer Breite verwenden.

Mit den heute zur Verfügung stehenden mathematischen Methoden der Integralrechnung können wir relativ leicht nachrechnen, dass die mittlere Breite so gut wie exakt gewesen wäre.

Daher käme aus heutiger Sicht nur die Breite in der Mitte des Viereck (oder der Mittelwert aus untere oder obere Breite) in Frage.

Ob Mercator sich die Frage nach der besten Stelle auch gestellt haben mag und welche Stelle er letztlich gewählt hat, lässt sich aus zwei Gründen nicht mehr ermitteln:

a) Den Radius der Erdkugel (bzw. alternativ die Breite eines 1°-Abstandes auf dem Äquator) hat uns Mercator, so weit bis jetzt bekannt, nicht hinterlassen.

b) Die unvermeidlichen Zeichenungenauigkeiten einerseits und die Unterschiede, die sich durch die Wahl der Stelle ergeben, an der man die Breite bestimmt, die man der Konstruktion zu Grunde legt, liegen in der gleichen Größenordnung.

Da beispielsweise sowohl ein etwas zu klein gewählter 1°-Abstand am Äquator als auch die Benutzung der unteren Breite dazu führt, dass die vergrößerte Breite zu klein ausfällt, bleibt somit vollkommen offen, ob das Eine oder das Andere die Ursache der gemessenen Abweichungen ist.

6. Als Radius der Erdkugel liegt ein Wert von 300 mm bis zu 315 mm im Bereich des Möglichen. Insbesondere kommt der *Rheinische Fuß* als Radius auf jeden Fall in Frage.

7. Es ist außerdem durchaus denkbar, dass Mercator einen Vorabdruck der Winkelskala des Organums für seine Konstruktion benutzt hat, denn die hier festgestellten Abweichungen liefern für die Abweichungen bei den vergrößerten Breiten eine plausible Erklärung.

Schließlich noch zwei abschließende Bemerkungen:

Die „Fehler" in Mercators Karte durch Zeichenungenauigkeiten waren sicherlich viel geringer als die Einflüsse von Strömungen, Wind und Wetter, die die Fahrt der Schiffe seinerzeit beeinflusst haben.

Wer jemals selbst versucht haben sollte, Mercators Konstruktion per Hand, also ohne zu Hilfenahme von Taschenrechner und Computer, nachzuzeichnen, wird schnell merken, dass Mercators Präzision selbst mit den heutigen Hilfsmittel und Werkzeugen kaum übertroffen werden kann.

Von Marinus zu Mercator:

Die Didaktische Analyse
des „Hauptsatzes" der *Begrüßungslegende*
der Mercator-Karte AUN (Ad Usum Navigantium)
von 1569 und ihre methodische Umsetzung

Friedrich Wilhelm Krücken

Ich möchte zwar keine Eulen nach Athen tragen, sehe mich aber genötigt, meinen Denkansatz genauer zu beschreiben:

Didaktik ist die Lehre von der Analyse und Strukturierung eines Objektfeldes,
um eine methodische Umsetzung der Ergebnisse der Analyse und Strukturierung zum
Zwecke der Lehre zu ermöglichen:

Betrachten wir die „Marinus-Struktur" der gängigen *carta de marear* des frühen 16. Jhs. :

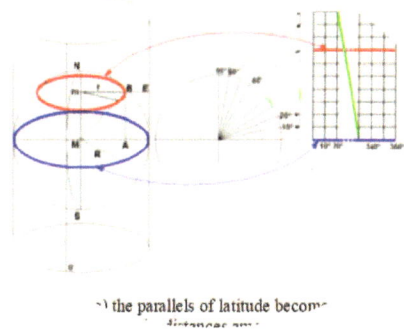

Marinus von Tyrus hatte um 100 n. Chr. eine abstands- treue Karte der ihm bekannten Oikumene angefertigt, deren abstandstreue Struktur

← Schema-Bild

(mindestens seit) 1504 die Struktur der gängigen *carta de marear* wurde: Friedrich Wilhelm Krücken: *Ad Maiorem Gerardi Mercatoris Gloriam* Bd. VIII (2018) [Rekonstruktion der Marinus-Karte nach Friedrich Kunstmann: Bd. VIII, S. 12].

Marinus hatte dabei jede Kugelmasche

$$[\, \varphi \, | \, \Delta\lambda(\varphi) \, | \, \Delta\varphi \,]$$

in ein planes Rechteck überführt:

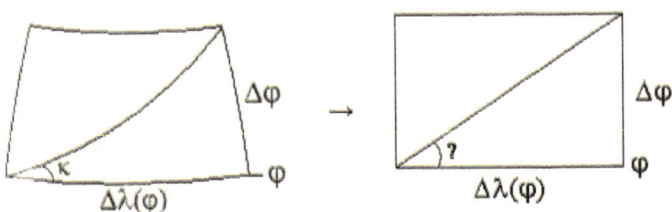

und um die Meridiane als abstands-gleiche Geraden parallel ausgestalten zu können, anschließend $\Delta\lambda(\varphi)$ zu $\Delta\lambda(\text{Äquator})$ vergrößert:

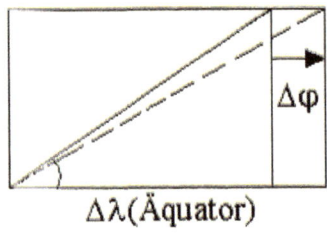

$$[\ \varphi\ |\ \Delta\lambda(\text{Äquator})\ |\ \Delta\varphi\ ]$$

Gerhard Mercator vermutete schon 1546 und formulierte dann dreiundzwanzig Jahre später in der *Begrüßungslegende* seiner Karte *AUN* (ad usum navigantium) die Gründe, warum eine Plattkarte mit „Marinus-Struktur" – ob quadratisch oder rechteckig – keinesfalls eine winkeltreue Karte sein kann: sie bringt zwar alle Breiten-*Grade* auf Äquator*breite*, versäumt aber, die Breitengrad-*Abstände* proportional zu vergrößern, um Winkeltreue zu gewährleisten!

Aus dieser Überlegung heraus formulierte er seinen „Hauptsatz":

> ... quibus consideratis gradus latitudinum↓ versus utrumque polum paulatim auximus↓ pro incremento parallelorum ↓ supra rationem quam habent ad aequinoctialem ↓ ...

> ... da wir dies bedacht haben, haben wir die Breitengrade↓ zu beiden Polen hin allmählich vergrößert ↓ im Verhältnis zum Anwachsen der Breitenparallelen[ab-schnitte] ↓ über das Maß hinaus, welches sie zum Äquator[abschnitt] ↓ haben ...[5]:

---

5 Im Gegensatz zu Edward Wright (u. A.) kam ich schon nach den ersten Begegnungen (1957) mit der Hinterlassen-schaft Gerhard Mercators im ‚Mercator-Zimmer' des Niederrheinischen Museums im Duisburger Kant-Park zu der Auf-fassung, dass er uns sehr wohl die methodischen Grundlagen seines Loxodromen-Entwurfs mitgeteilt hat. Ich habe seit-her den entscheidenden Satz seiner *Begrüßungslegende* als seinen „Hauptsatz" bezeichnet. Die didaktische Analyse dieses Satzes habe ich dann 1964 in einem Geometrie-Kurs mit Obertertianer (Neuntklässlern) des Mercator-Gymnasiums zu Duisburg ausgeführt: Friedrich Wilhelm Krücken: *Ad Maiorem Gerardi Mercatoris Gloriam*, Bd. IX (2019).

Wohlgemerkt: Die in den Hauptsatz-Text eingeführte didaktische Analyse mit Hilfe von „↓"
dient einzig und allein dazu, die Aufmerksamkeit des Lesers auf die entscheidenden Punkte
zu lenken: Mercators Überlegungen blieben ganz dem geometrischen Inhalt verhaftet:

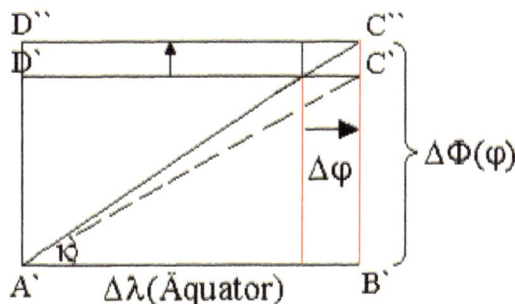

Mit der euklidischen Ähnlichkeitslehre bestens vertraut, erkennt er die Möglichkeit, den
Differenzwinkel $\Delta\varphi$ durch eine perspektivische Abbildung auf das für die Winkeltreue
erforderliche Spatium $\Delta\Phi(\varphi, \Delta\varphi)$ zu vergrößern:

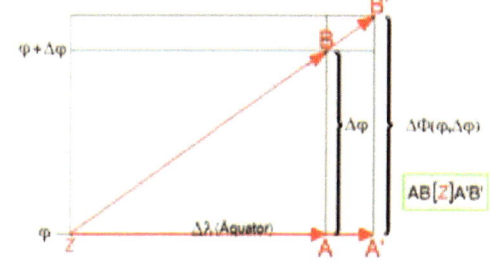

Als versierter Globenbauer folgert er sogleich, dass sich die Perspektive auf den Globus
anwenden lässt:

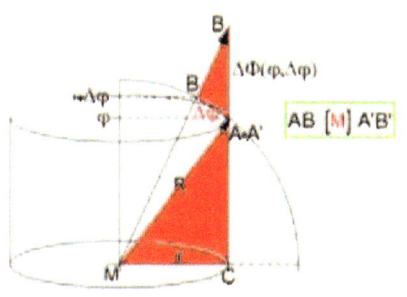
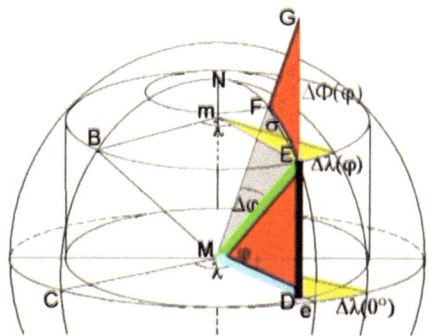

Bei dem Versuch, mit Hilfe des *Lehrsatzes IV* des *VI. Buches* der *Elemente* des Euklid die Ähnlichkeit der beiden rot eingefärbten Dreiecke festzustellen, muss Mercator (leider) feststellen, dass der 90°-Winkel bei **B** / **F** um die Hälfte des Differenzwinkels $\Delta\varphi$ verfehlt wird und die *Sehne* **BA** in der Zeichnung bei größeren Winkeln $\Delta\varphi$ von dem *Bogen* **BA** wohl-unterscheidbar ist.

Mercator erinnert aber[6], dass Archimedes die Suche nach der Kreiszahl π mit einem 60°-großen Zentriwinkel startete und sich schließlich mit einem 3.75°-‚kleinen' Winkel – wegen des großen Rechenaufwands – zufrieden gab: Man wird daher erwarten können, dass die Suche auf Mercators Zeichentisch beim Verkleinern des Differenzwinkels bei einem Winkel endete, der den Unterschied zwischen der *Sehne* **AB** und dem *Bogen* **AB** in der Zeichnung ununterscheidbar machte: Er wählt daher $\Delta\varphi = 1°$.

Bei seinen Zeichnungen muss Mercator bei den Breitengraden > 60° schließlich auch in Kauf nehmen, dass die „schleifenden Geradenschnitte" ein genaues Abgreifen ihrer Schnittpunkte sehr erschweren, so dass die Bestimmung dieser loxodromen Spatien mit größeren Ungenauigkeiten verknüpft ist – wie man nach 425 Jahren – und später – feststellt, als man seine Spatien mit denen der loxodromen Theorie vergleicht.[7]

Stellt man nun noch fest, dass der Kugel-/Konstruktions-Radius der Karte AUN 315 plus-minus wenige Millimeter groß ist – dem Basler Original der Karte abgezogen –, so ergibt sich die folgende **methodische Umsetzung der Analyse:**

1.	Wir zeichnen einen (Viertel-)Kreis mit r = 315 mm.
2.	Vom Mittelpunkt des Kreises aus tragen wir die Folge der Winkel ½°, 1½°, 2½°, … ab. Wir unterstellen hierbei, dass Gerhard Mercator die Methode der Mittelbreiten gewählt hat, um eine noch bessere Annäherung zu erreichen.
3.	Wir zeichnen durch die Schnittpunkte der freien Schenkel mit dem Kreis die Lote bis zum jeweiligen Schnitt mit dem nächsten freien Schenkel.
4.	Die damit hergestellte Strecke ist die vergrößerte Breite der zugehörigen Breite φ der Weltkarte bei einem 10°-Äquatormaß von 55 mm.

---

6 Und genau das ist der Sinn der Aussage Walther Ghims in seinem *Nachruf*, Mercator habe ihm mehrfach bei seinen Besuchen in der Werkstatt versichert, seine Methode, die neue, winkeltreue Plattkarte der Welt „ad usum navigantium" herzustellen, entspräche „exakt" der Methode des Archimedes, nur fehle ihm leider ein Beweis für die Methoden-Gleichheit! Letzteres dokumentiert die Erkenntnis Mercators, dass er den paradigmatischen Übergang von der zeichnenden Geometrie zur rechnenden Algebra nicht zu leisten im Stande war. Der Beweis der Methoden-Gleichheit wurde später erbracht. (In der Bibliothek Mercators befand sich (u.a.) die Originalarbeit des Archimedes „Kreismessung".)

7 Siehe z. B. Friedrich Wilhelm Krücken: *Ad Maiorem Gerardi Mercatoris Gloriam* Bd. I (2009), 78-81. Dass Mercator das „Problem der schleifenden Geradenschnitte" kennt, geht aus dem betreffenden Text der Kartenlegende *„Über das Messen der Ortsdistanzen"* hervor: Hier erklärt er die organon-Lösung für Kurse nahe Ost / West! (Es bleibt also unerfindlich, warum er für seine Einsicht in das Problem getadelt werden soll!)

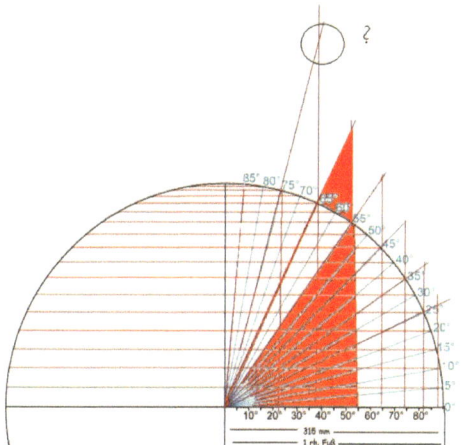

Eine beliebige – zufolge Mercators Methode näherungsweise konstruierte – „Mercatorprojektion" – nach heutigen (analytischen) Vorstellungen – gibt einen beliebigen Radius r bzw. (z. B.) eine beliebige 10°-Äquatorlänge $\Delta\lambda$ vor:

$$r = 36 * \Delta\lambda / 2 * \pi,$$

und konstruiert / zeichnet die loxodromen Spatien wie vorstehend.[8]

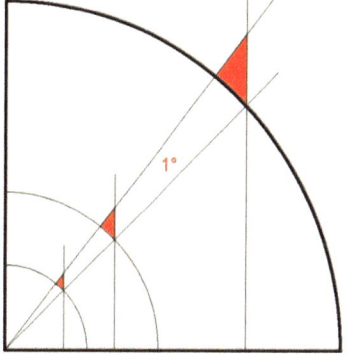

Mercator treibt die Ähnlichkeit auf die Spitze!

Für eine **rein geometrische Konstruktion** der Spatien benötigt man aber **weder** die Kreiszahl π **noch** irgendwelche rechnerischen, **nicht-geometrischen Vorgaben**.

---

8   Als Sprachregelung schlage ich vor, Mercators Karten*projektion* (r = 315 plus minus wenige Millimeter) im Unterschied zur beliebigen „Mercatorprojektion" als „Mercator-Projektion" zu bezeichnen. Was Gerhard Mercator auszeichnet, ist die Tatsache, dass er mit genial einfachen Mitteln, die heute den Neuntklässlern der Allgemeinbildenden Schule zugänglich sind, das erste System einer loxodromisch-strukturierten Welt- und Seekarte entwarf.

finis